空中交通流量管理中地面等待策略的时隙分配方法及应用

SLOT ALLOCATION METHOD AND APPLICATION OF
GROUND HOLDING POLICY IN
AIR TRAFFIC FLOW MANAGEMENT

王飞 ◉ 著

大连海事大学出版社
DALIAN MARITIME UNIVERSITY PRESS

ⓒ 中国民航大学　2023

图书在版编目(CIP)数据

空中交通流量管理中地面等待策略的时隙分配方法及
应用／王飞著. — 大连：大连海事大学出版社，
2023.10
　　ISBN 978-7-5632-4466-9

Ⅰ.①空… Ⅱ.①王… Ⅲ.①交通流量—空中交通管
制—研究 Ⅳ.①V355.1

中国国家版本馆 CIP 数据核字(2023)第 208583 号

KŌNGZHŌNG JIĀOTŌNG LIÚLIÀNG GUǍNLǏ ZHŌNG DÌMIÀN DĚNGDÀI CÈLÜÈ DE SHÍXÌ FĒNPÈI FĀNGFǍ JÍ YÌNGYÒNG
空中交通流量管理中地面等待策略的时隙分配方法及应用

大连海事大学出版社出版

地址:大连市黄浦路523号　邮编:116026　电话:0411-84729665(营销部)　84729480(总编室)
http://press.dlmu.edu.cn　E-mail:dmupress@dlmu.edu.cn

大连金华光彩色印刷有限公司印装　　　　　大连海事大学出版社发行

2023 年 10 月第 1 版　　　　　　　　　　2023 年 10 月第 1 次印刷
幅面尺寸:170 mm×240 mm　　　　　　　　　　　　印张:10
字数:199 千　　　　　　　　　　　　　　　　印数:1~500 册

出版人:刘明凯

责任编辑:董洪英　　　　　　　　　　　　　责任校对:王　琴
封面设计:解瑶瑶　　　　　　　　　　　　　版式设计:解瑶瑶

ISBN 978-7-5632-4466-9　　　定价:30.00 元

内 容 简 介

　　本书以空中交通流量管理中地面等待策略的时隙分配问题为研究对象,涉及时隙分配的概念与属性、模型与算法、系统建模等,提炼了著者在时隙分配领域多年的科研积累。全书共分为11章,其中,第1章介绍了空中交通流量管理的基本概念、功能定位、主要特征、实施阶段战术流量管理策略等;第2章阐述了时隙分配问题提出的背景和基础知识,并对国内外研究现状、关键问题和发展方向进行了剖析;第3章阐述了时隙分配的概念与属性;第4章阐述了基于容量样本聚类的有效时隙确定方法;第5章阐述了决策主体目标一致情况下的基于单目标优化的集权式时隙分配模型与算法;第6章阐述了决策主体目标不一致情况下的基于多目标优化的集权式时隙分配模型与算法;第7章针对完全信息条件下的时隙交换形式,阐述了基于博弈的分布式时隙分配模型与算法;第8章针对不完全信息条件下的时隙交易形式,阐述了基于拍卖的分布式时隙分配模型与算法;第9章阐述了基于事件驱动的动态地面等待策略,以便充分利用碎片化时隙资源;第10章介绍了基于Agent的时隙分配问题建模,促进理论方法的应用;第11章是总结与展望。

　　本书具有较强的专业性和理论性,可以作为高等院校相关专业的高年级本科生及研究生的专业课程教材,也可以作为从事空中交通流量管理研究与应用的科技工作者的学习参考书。

前言

和其他交通运输方式相比,航空运输虽然起步较晚,但是发展非常迅速。随着国民经济的快速发展,航空运输需求不断增长,空中交通需求侧的增长与空域系统供给侧的不足的矛盾日益突出,空域拥挤、航班延误、飞行冲突等现实问题日趋严峻。空中交通流量管理是空中交通管理的三大职能之一,是降低航班延误、缓解空域拥挤、提高运行效率的有效手段,也是提升国家空域系统资源使用效率和空中交通管制服务品质的必然选择,更是推动军民航融合发展、全球空管一体化运行的战略需要,已经成为现代空中交通管理的重点发展方向,具有十分重要的现实意义和战略意义。

空中交通流量管理是指当空中交通流量接近或达到空中交通管制可用容量时,适时采取有效措施,确保空中交通流最佳流入或通过相应管制区域,尽量减少或者避免飞行计划冲突和航班延误,充分利用空域系统时空资源。地面等待策略(GHP)是空中交通流量管理中成效最为显著的管理策略,其核心问题就是时隙分配问题。

本书汇集了著者在地面等待策略时隙分配领域多年的科研积累,涉及概念阐述、理论方法和系统建模。全书共分为 11 章。第 1 章空中交通流量管理概述。介绍空中交通流量管理的基本概念、功能定位、主要特征;具体阐述了常用的流量管理策略;介绍了国内外流量管理发展概况。第 2 章地面等待策略中的时隙分配问题。阐述时隙分配问题提出的背景;介绍时隙分配的基础知识;从数学模型与分配算法两个方面概述国内外时隙分配问题的研究现状,剖析研究的关键问题;展望未来研究方向。第 3 章时隙分配的概念与属性研究。阐述时隙分配过程中时隙、时隙分配等主要概念;详细论述时隙分配的有效性、效率性以及公平性三个重要属性;讨论公平与效率的关系。第 4 章基于容量样本聚类的有效时隙研究。针对随机容量情况,采用 SOM 神经网络和 K-means 算法对容量样本的历史数据进行聚类分析,产生了典型容量样本,构造了典型容量样本树,然后推导出有效容量的判定方法,将随机容量转化成确定容量,进而确定有效时隙的数量及长度。第 5 章基于单目标优化的集权式时隙分配研究。当流量管理部门和航空公司决策目标一致时,研究单目标优化的时隙分配模型与算法。针对不同的效率性函数,分析了各自的效率性和公平性,建立了单目标优化模型;采用人工鱼群算法快速求解模型,获得效率性和公平性均衡的时隙分配方案。第6章基于多目标优化的集权式时隙分配研究。当流量管理部门和航空公司决策目标不一致时,研究多目标的时隙分配模型与算法。阐述航班正点率、旅客延误时间等航空公司的决策目标,以航空公司决策目标为效率性目标,以满足航空公司决策目标为公平性表征,建立了多目标优化模型;采用改进的人工鱼群算法快速求解模型,获得Pareto最优解集。通过算例仿真分析了各个决策目标之间、公平性与效率性之间的Pareto非劣关系。第7章基于博弈的分布式时隙分配研究。在完全信息条件下,针对时隙交换形式,阐述了时隙分配问题中存在的博弈关系。针对单目标和多目标决策情况,建立了序贯博弈模型,并提出了求解该模型的三种算法,即逆向归纳法、固定优先权TTC算法以及动态优先权算法。第8章基于拍卖的分布式时隙分配研究。在不完全信息条件下,针对时隙交易形式,阐述了时隙分配问题中的拍卖背景,介绍了VCG拍卖机制,建立了满足预算平衡的单一拍卖和组合拍卖模型,并改进Vickrey支付规则,可用启发式算法来快速求解预算平衡模型。第9章基于事件驱动的动态地面等待策略。建立基于事件驱动的单跑道动态GHP模型,给出了求解模型的两阶段优化算法,并详细研究了各参数对模型性能的影响。第10章基于Agent的时隙分配问题建模。应用Agent技术实现流量管理、时隙分配的建模,促进理论方法向实际应用转化。第11章总结与展望。总结本书的研究成果,对进一步需要研究的地方进行了展望。

　　本书具有较强的专业性和理论性,可以作为高等院校相关专业的高年级本科生及研究生的专业课程教材,也可以作为从事空中交通流量管理研究与应用的科技工作者的学习参考书。

　　本书由中国民航大学王飞著。本书在编写过程中得到了中国民航大学空中交通管理学院的大力支持,在此表示感谢。另外,本书引用了大量的文献,在此对这些文献的作者表示感谢。

　　由于著者水平有限,书中难免有不妥之处,恳请广大读者、同行批评指正。

著　者

2023 年 4 月

第1章

空中交通流量管理概述

1.1 基本概念

根据国际民用航空组织(International Civil Aviation Organization, ICAO)的定义,空中交通流量管理是指:为有助于空中交通安全、有序和快捷地运行,确保最大限度地利用空中交通管制服务,并符合有关当局公布的标准和容量而设置的一种运行服务。更准确地讲,空中交通流量管理是指:当空中交通流量接近或达到空中交通管制可用容量时,适时采取有效措施,确保空中交通流最佳流入或通过相应管制区域,尽量减少或者避免飞行计划冲突和航班延误,充分利用空域系统时空资源。从本质上讲,空中交通流量管理是一种基于容量与需求的空中交通流量时空分布优化决策过程,其根本任务是当预计流量接近或达到管制能力时,适时采取优化调配措施,平衡空中交通供需,促进空中交通流顺畅、高效地运行;其现实作用是通过优化流量的时空分布,以避免延误、降低延误率或转移延误为目标或方式解决航班延误问题,提高航班正常性和资源利用率。

只要有两架以上的航空器在空中飞行,就会存在空中交通管理的问题。管理的目的是使航空器安全和顺畅地飞行,管理的对象是空中飞行的航空器。随着航空器数量的增加,空中航空器的密度增大,因而产生空域资源竞争,出现交通拥挤时,产生空中交通流量管理问题。

流量管理的概念可以用式(1.1)表示:

$$h_p(t) \leqslant q_p(t) \tag{1.1}$$

其中,p 为空域资源,表示整个空域系统或者其中的一部分,如一个航路汇合点、一条跑道、一个机场、一个管制区等;t 表示时间段;$h_p(t)$ 表示在 t 时间段内请求

通过 p 的航空器数量,即通过 p 的流量;$q_p(t)$ 表示在 t 时间段内 p 能够允许通过的航空器的数量,即 p 在 t 时间段内的容量。需要说明的是,在这里流量采用标量定义,而容量是指实际容量。

按照流量管理的定义,如果管制员发现在某一地点或者区域流量大于容量,为了保证空中交通的安全、畅通,需要采取各种措施限制以减小通过 p 的流量,增大 p 的容量,即实施流量管理。可见,流量管理的核心任务就是保证流量与容量的平衡,防止出现饱和,平滑交通流。图 1.1 是空中交通流量管理示意图,它以交通需求为输入,容量以及干扰(例如天气、通航等)为约束条件,采用相应的空中交通流量管理方法,输出平滑后的交通流。

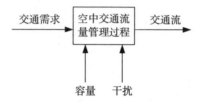

图 1.1　空中交通流量管理示意图

1.2 功能定位

空中交通管理主要由空域管理、空中交通流量管理和空中交通管制服务三大部分组成。三者的任务目的、管理对象和实施时间等各有不同,具有互补性、交叉性和不可替代性,共同有效维护和促进空中交通安全,维护空中交通秩序,保障空中交通安全畅通。从任务目的上看,简单地讲,空域管理主要用于合理配置空域资源,满足各类用户使用需求;空中交通流量管理主要用于优化流量时空分布,提高空中交通运行效率;空中交通管制服务主要用于为空中交通提供各种服务,保障空中交通运行安全。从管理对象上看,空域管理的对象是空域系统本身,通过优化空域结构、管理模式和使用机制等,尽量满足各类航空用户的使用需求;空中交通流量管理的对象通常是一定时间和空间范围内由大量飞行计划或航空器群体组成的空中交通需求或空中交通流量,通过全局优化流量时空分布,从宏观角度间接管理大量航空器运行;空中交通管制服务的对象主要是少量航空器个体,通过局部保障航空器安全间隔或引导航空器安全飞行,从微观角度直接管制少量航空器运行。从实施时间上看,空域管理、空中交通流量管理阶段通常划分战略、预战术、战术等多个持续管理的实施时间阶段,而空中交通管制服务仅在战术阶段发挥作用,为航空器提供实时的管制服务。

随着空中交通管理的不断革新发展,空中交通流量管理与空域管理、空中交通管制服务等逐渐融合,其作用和地位必将越来越突出,并逐渐发展成为空中交通管理的重心。一方面,空中交通流量管理将与空域管理互相适应和有机结合。空域管理将结合空中交通需求和流量管理策略,实施动态管理和灵活使用机制,提高空域管理效率和资源利用率,满足各类航空用户的需求;空中交通流量管理也将结合动态的空域结构和灵活的使用规则,实施空中交通流量与容量协同管理机制,改进空中交通流量时空优化策略,提高空中交通运行效率和时空资源利用效率。另一方面,空中交通流量管理将与空中交通管制服务互相依托和高度集成。空中交通流量管理依托空中交通管制服务提供决策所需的空域系统容量及管制运行等信息,制定科学有效的流量管理措施,并依托空中交通管制服务执行某些措施,发挥管理效能;同时,空中交通管制服务可通过执行流量管理措施,提高管制服务品质,降低管制工作负荷。最终,空中交通流量管理与空域管理、空中交通管制服务互相适应、互相依托、互相融合,从战略、预战术和战术等各阶段实现空中交通流量与空域协同管理,实现航班运行协同决策与自动管制,进而实现安全、高效、经济和绿色的现代化空中交通管理。

1.3 主要特征

空中交通流量管理具有最优性、系统性、预先性、协同性等四个显著特征,其中,最优性是其本质特征,系统性、预先性是其管理特征,协同性是其发展特征。

(1)最优性

空中交通流量管理本质上是空中交通需求在时间和空间上的分布优化问题,是空中交通需求与空域系统容量之间的匹配优化问题,具有显著的最优性。空中交通流量管理优化通常是指当出现空中交通供需严重失衡问题,即空中交通需求严重超出空域系统容量限制,将要发生大面积航班延误或大范围空域拥挤问题时,通常以航班延误最小化为优化目标,以满足空中交通管制安全要求、空域系统容量限制、航空用户利益需求为约束条件,建立解决特定问题的空中交通流量调配优化策略或算法,比如航班时刻优化、地面等待优化、时隙分配优化、排序优化、改航优化等策略或算法,优化平衡空中交通供需,以实现航班延误最小化、资源利用最大化的根本目的。

(2)系统性

空中交通流量管理的最优性决定了其系统性。从系统学的角度,为实现空中交通需求时空分布的最优化,必须构建一个结构完整的组织管理体系和功能完备的决策支持系统,这样才能更加有效地实现系统最优目标和最大效益。从理论上讲,在空中交通流量管理能力不变的条件下,组织管理体系的结构设计得越简单、决策支持系统的作用范围越大,越容易实现系统最优,发挥最佳效果。在组织管理体系上,一个国家或地区的空中交通流量管理通常实施分级管理,构建一个涵盖全国、区域、终端区及繁忙机场的流量管理组织机构体系,明确层级划分、机构设置、管辖范围、权责关系等,为组织实施流量管理提供根本保障;在决策支持系统上,通常构建一个符合需求、配套组织、综合集成、可持续发展的决策支持系统体系,为高效实施流量管理提供科学手段。

(3)预先性

空中交通流量管理活动基本上都是在航班运行之前完成的,是一种基于预测的管理活动,具有显著的预先性。根据实施时间,通常把空中交通流量管理活动划分为战略管理、预战术管理和战术管理三大阶段。其中,战略管理阶段通常为航班运行前数月至前七日,主要活动包括预测分析空中交通需求和空域系统容量变化情况,针对供需失衡问题,制订流量管理预案、空域容量使用计划等;预战术管理阶段通常为航班运行前 1~7 日,主要活动包括进一步预测分析需求与容量平衡情况,更新流量管理预案,制订并发布流量管理每日计划;战术管理阶段通常为航班运行当日,主要活动包括执行预战术阶段制订的每日计划,根据突发的供需失衡问题,制定并实施战术流量管理措施,这些措施一般也是提前一段时间制定和实施的。

(4)协同性

协同性是空中交通流量管理快速发展所呈现的新特征,即协同决策理念在空中交通流量管理中的全面运用和蔓延发展而体现的显著特征。协同性主要表现在内外协同、人机协同、军民协同等方面。其中,内外协同是指空中交通流量管理组织体系内外部之间的协同合作,主要是指空管、航空公司及机场等决策主体之间的协作,所有主体依托协同决策信息共享平台,及时沟通协调,相互支持配合,实施科学决策,以实现共同目标、满足各自需求;人机协同是指空中交通流量管理人员与决策支持系统之间的协同配合,空中交通流量管理协同决策是以人为主、系统为辅的决策;军民协同是指军民航空域资源使用、飞行活动冲突之间的统筹协调,可有效提高空域资源利用率和航班正常性,也是军民融合发展的重要特征。

1.4 实施阶段

空中交通流量管理包括多个循环往复的过程,可将其分成五个阶段。各阶段按照时间范围、管理方式、管理对象等进行区分。各阶段之间存在交互影响,并形成一体化运行过程,如图 1.2 所示。

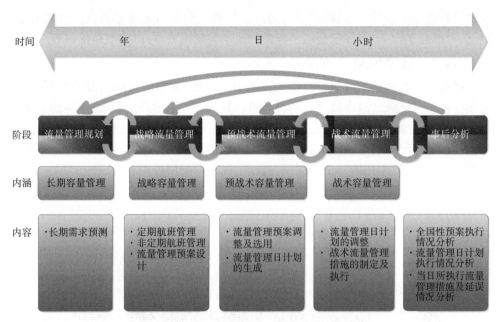

图 1.2 空中交通流量管理运行实验阶段示意图

1.4.1 流量管理规划阶段

流量管理规划的实施时间根据所采取的具体措施情况而定,通常需要提前半年以上。流量管理规划基于未来时段内空域用户容量使用需求的发展趋势以及航路和空域的可用性等,针对容量与交通需求的平衡状态进行评估,向空域规划与设计部门提出其建设需求,针对引起重大容量损失或者存在流量容量严重失衡的重大事件,提前采用空域改造和管制手段升级等方式解决容量需求问题。

该阶段重点关注未来特定时段内交通需求及容量对需求的满足能力,确保需求与容量整体一致。流量管理规划阶段主要在持续性的长期交通需求预测及长期容量规划与管理方面实现逐步提升,基于长期交通需求预测实现长期容量规划及优化管理。

(1)长期交通需求预测

长期交通需求预测是以旅客、货邮运输需求为根本动力,基于宏观经济、人口等因素对空中交通需求的影响,依据航空器制造商对未来机型的预测及航空公司机队规划,结合客座率、货邮运输方式等航空运营趋向,实现对未来空中交通需求的预测。

(2)长期容量规划与管理

在长期需求预测的基础上,分析当前机场、航路、扇区容量对需求的满足情况和满足未来交通需求所需的机场、航路、扇区容量,并通过审查空域设计(机场、航线结构、扇区)、空域使用政策、技术基础设施等评估增加容量的可能性,以及根据空域设计和技术基础设施变动而拟定的空管程序、人员配备和培训实现可能性。

容量管理措施不仅要考虑容量本身,而且要从经济角度考虑措施的复杂程度和成本,要考虑成本权衡,例如权衡增加容量的成本与延误成本,以实现最优绩效。

1.4.2 战略流量管理阶段

战略流量管理在航班运行日提前一天以上实施,而该阶段的大部分工作应提前至少两个月完成。战略流量管理对战略容量进行规划,并对定期航班实施管理,目标是根据系统容量情况,对定期及非定期计划预先做出安排,避免出现飞行计划流量过载的情况。同时,还要在这一时期对大型活动等引起容流失衡事件的保障方案进行设计,建立相应的全国性预案管理,以充分利用可用容量。

战略流量管理阶段处于流量管理运行的第一个阶段,该阶段重点实施战略容量管理、定期及非定期航班管理、大型活动以及固定流量管理问题的流量管理预案设计。战略流量管理阶段未来主要在一体化、协同化和网络化方面逐步提升:在一体化流量管理方面,进一步增强容流管理的一体化,基于预计的交通需求,加强与容量提供者之间的战略协同,实现容量优化管理和容流先期平衡;在协同化流量管理方面,充分考虑机场、空域用户等参与方的运行需求对定期及非定期航班进行管理;在网络化流量管理方面,基于全网络的战略容量对定期及非定期航班进行管理。

(1)战略容量管理

实施战略容量管理需要:加强与空管单位和机场等容量提供者之间的交互,分析空域、机场和空中交通服务限制、季节性气象条件变化和重大气象现象等因素,实现战略容量评估、确认及发布;监控容量与需求之间的不平衡,通过空域及航线结构调整等措施最大限度地提高和优化可用容量以满足预计需求,达到预期的绩效目标。

(2)定期航班管理

定期航班管理就是针对定期航班进行合理安排,基于全网络的机场及空域战略容量对定期航班的起降时刻及航路进行优化管理,在航班延误成本与容量未充分利用成本之间进行平衡,以达到预期的绩效目标。

(3)非定期航班管理

非定期航班管理就是在定期航班管理的基础上利用剩余的可用容量进行安排,主要包括非定期航班起降时刻协调和非定期航班飞行航路管理。非定期航班管理亦应考虑航班延误成本与容量未充分利用成本之间的平衡,以达到预期的绩效目标。

(4)流量管理预案设计

流量管理预案设计主要针对大型活动引发的容流失衡问题和较为固定的流量管理问题制订管理预案。其中:解决大型活动引发的容流失衡问题,重点在于提前准确辨识和评估隐患所在,终端、地区和全国层面的流量管理人员应协作确定流量问题的潜在原因,研究分析可能出现需求增大或容量减小的空域、机场、时间段、主要流向等;由于军演、台风、特定区域的恶劣天气等特殊原因较为固定的流量管理问题在相同区域反复出现,应由流量管理单位、管制运行单位、航空公司、军方和利益相关方在达成一致的基础上制订管理预案。管理预案包括高度层调整、改航等容量优化利用预案和流量限制预案;优先选择容量优化利用预案,若仍不能解决问题,则制订流量限制预案;可制订多个预案,在预战术流量阶段随着不确定性的降低再进行选择。

1.4.3　预战术流量管理阶段

预战术流量管理在航班运行前一日实施。预战术流量管理分析运行当日需求,与预测的可用容量进行比较,并对战略容量规划进行调整,进行更为有效的资源组织(例如,扇区构型管理、预案使用等)。根据情况变化对战略预案进行持续动态调整;基于运行当日的容流分配,制订预计的流量管理方案,生成流量管理日计划(ATFM Daily Plan,ADP)。

预战术流量管理阶段处于流量管理运行的中间阶段,衔接战略流量管理阶段和战术流量管理阶段,该阶段重点实施预战术容量管理,对战略流量管理阶段所制定的流量管理预案进行调整及选用,同时制订 ADP 管理次日航班。预战术流量管理阶段未来主要在一体化、协同化和网络化方面逐步提升:在一体化流量管理方面,加强容流管理的一体化,基于更为准确的交通流量预测,加强与容量提供者之间的实时协同,实现容量优化管理和容流预先平衡;在协同化流量管理方面,为机场、空域用户等参与方提供次日流量管理信息(预战术 ADP),与航空公司、机场协同进行次日计划的优化调整;在网络化流量管理方面,基于全网络的预战术容量制定次日流量管理预案,对次日计划进行管理。

(1)预战术容量管理

预战术容量管理通过对引起战略容量变化的因素进行分析,对预战术容量进行评估,同时提供网络化的交互式支持,实现各参与方的信息协同及网络同步,使容量调整在合适的时间和地点及时进行,各参与方能及时反馈变化情况并获得对预战术容量的共同情景意识。预战术流量管理通过探究容流失衡问题,采取多种措施实现容量优化利用,主要包括:释放限制空域、开放临时航线、扇区管理(扇区构型、扇区数量)、调整跑道运行模式、实施进离场容量平衡等,以达到有效增加容量的目标。

(2)流量管理预案的调整及选用

随着预战术流量管理阶段容流信息的变更,需对战略流量管理阶段制订的预案进行调整及选用,并通过各级流量管理以及包括管制运行单位在内的多方参与和协商共同实施。经过预战术流量管理阶段调整后的预案具备较强的可行性,应能在问题出现时立即实施,而不必再进行复杂的协商和决策。

(3)流量管理日计划的生成

基于对次日容流匹配情况的分析,制订次日流量管理预案,生成流量管理日计划并发布,各个流量管理单位及管制运行单位根据流量管理日计划建立共同情景意识,流量管理及管制运行单位可据此预测次日流量管理措施影响下的交通流量,空域用户可对流量管理措施下的航班延误情况做出应对,主动调整飞行计划。

1.4.4 战术流量管理阶段

战术流量管理在航班执行当日至管理过程结束实施。战术流量管理的管理对象主要是所有当日可执行的飞行计划,掌握当日容量变化,同时监控空中交通流量,评估容量、需求和限制,对影响 ADP 的各类事件进行监控,并根据变化情况对 ADP 进行调整;制定并执行战术流量管理措施,旨在通过辨识和管理飞行计划、FPL 报文和实际飞行三者之间的差异,以及容量动态变化避免出现流量超过容量的情况。

战术流量管理阶段处于流量管理运行的最后阶段,与管制运行阶段最为接近,该阶段根据情况变化采用不断更新的更为动态的容量管理及流量管理措施对空中交通实施管理。战术流量管理阶段主要在一体化、协同化、网络化、精准化等各方面实现逐步提升:在一体化流量管理,增强容流一体化管理,基于当日的交通流量预测,实现动态的容量优化管理和容流实时平衡,增强机场一体化管理,实现机场终端区一体化管理,通过增强机场相关运行单位的协同决策以及实施进场管理、离场管理、场面管理一体化运行,提升机场整体运行效率;在协同化流量管理方面,通过增强与机场、空域用户等参与方之间的动态信息交互,灵活采用各类协同式流量管理策略,实现协同解决战术流量管理阶段的容流平衡问题;在网络化流量管理方面,采用起飞前流量管理措施,管理网络流量,并考虑更广阔的区域范围内的容量和流量,提升当日流量管理整体效能;在精细化流量管理方面,通过交通同步管理及复杂性管理实现更为精细化的流量管理,未来基于四维航迹运行模式,通过数据链技术实现航迹共享,并通过所需到达时间实施基于航迹的运行优化。

(1)战术容量管理

战术容量管理需要根据当日情况的变化评估容量变化情况,并及时更新所发布的预战术容量。基于容流失衡情况分析,对预战术流量管理阶段的容量管理措施进行调整或建立新的容量管理措施实现容量优化利用,主要包括:释放限制空域、开放临时航线、扇区管理(扇区构型、扇区数量)、调整跑道运行模式、实施进离场容量平衡等,以达到有效增加容量的目标。

(2)流量管理日计划的调整

基于当日容量与流量的变更分析未来特定时段内容流平衡情况,对预战术流量管理阶段制订的流量管理日计划进行相应调整,各个流量管理单位及管制运行单位根据更新的流量管理日计划建立对当日预计实施的流量管理措施的共同情景意识。

(3)战术流量管理措施的制定及执行

①实现全网络容流平衡管理。在更广阔的区域范围内考虑容流平衡,从局部容流平衡管理过渡到全局容流平衡管理,从空域进入量限制的容流平衡措施(如总量控制、尾随间隔限制等)转向起飞前的容流平衡措施,如地面延误程序(Ground

Delay Procedure，GDP)、空域流量程序(Airspace Flow Procedure，AFP)、地面停止(Ground Stop，GS)及区域协同放行，将机场作为一体化网络中的一部分，提升整体效能。

②实现机场及终端区一体化管理。针对飞行需求较大的大型机场及终端区，在出现恶劣天气或其他影响机场和终端区正常运行的问题时，在实现保障进离场交通的安全、高效和稳定运行的同时，提高空域容量利用效率和空中交通管理的效率。机场终端区一体化管理包括机场协同决策(Airport Collaborative Decision Making，ACDM)和机场进离场及场面一体化优化排序两条主线。

③实现互动式的协同流量管理。逐步建立用户驱动的优先级过程的支持，使空域用户在遇到容量限制或交通拥挤时更具灵活性，通过受影响空域用户之间的协同以及与管理方之间的协同最终制订考虑空域用户商业目标或运行优先级的解决方案，从而实现与用户互动式的流量管理。

④实现交通同步管理及复杂性管理。通过交通同步管理及复杂性管理进一步消除容量流量平衡管理与管制运行之间的差距。当接近容量限制时，流量管理产生的起飞时间轻微变动可能产生局部交通聚集，航班起飞后，随着航迹不确定性的降低，通过航迹预测和交通平滑，促使某单向交通流或多向聚集交通流在拥塞点实现交通同步。

⑤实现基于航迹的运行。基于数据链技术的应用，通过航迹数据提高空中和地面航迹的一致性。地面航迹预测准确可提升管理效能，在需要的时间及地点对航班采用控制到达时间或控制过点时间的措施进行管理，实现基于时间的运行；进一步通过与航空器飞行管理系统(Flight Management System，FMS)所需到达时间的同步实现基于航迹运行(Trajectory Based Operation，TBO)。

1.4.5　事后分析阶段

事后分析在为管理过程结束之后实施。分析对象是已执行完毕的流量管理方案，旨在对空中交通流量管理过程进行记录、统计分析及优化改进。该阶段要求持续回顾流量管理行为和结果，包括：全国性预案执行情况、流量管理日计划执行情况、当日所执行流量管理措施及延误情况等，并向空域管理、流量管理、空中交通管制各层级相关单位和利益相关方(例如机场、航空公司等)反馈相关信息。

事后分析是空中交通流量管理过程的延续，通过对流量管理的全过程进行分析评估，提供相应的运行反馈及完善建议，实现空中交通流量管理各阶段的闭环管理。事后分析阶段与其他流量管理阶段相互衔接，形成闭环过程，通过面向效能目标的事后分析评估及反馈，实现效能提升。流量管理事后分析主要包括效能指标建立、基于指标的效能评价、基于效能评价的优化改进等三项基本工作。

(1)效能指标建立

流量管理效能指在特定的条件下和规定的时间内，满足流量管理安全、效率和环境等方面要求的程度，所构建的效能指标体系应能全面、具体地刻画及反映流量管理在各个效能领域的特征。

（2）基于指标的效能评价

流量管理效能评价是指对流量管理效能进行分析、评价的过程。基于指标的效能评价就是通过对各阶段空中交通流量管理的运行数据进行统计，实现流量管理效能指标数据（例如机场及空域运行能力、空中交通时空分布、容流匹配状况、航班历史飞行轨迹、航班延误分布、航班正常性等）的计算及对比分析，从而实现基于效能指标对流量管理实施效能进行科学的综合评价。

（3）基于效能评价的优化改进

优化改进的主要工作就是在效能评价的基础上，找到制约整体效能的瓶颈，分析流量管理效能改进的方向，提出可实施的具体优化改进措施，从而形成面向效能目标的闭环式运行反馈。为了提高流量管理的安全性、有效性，防止不合理流量管理方案或措施的再度实施，应适时采取优化改进措施，以解决流量管理实施过程中存在的问题，并通过闭环式运行反馈验证优化改进措施的有效性。

1.5 战术流量管理策略

战术流量管理阶段的流量管理对空管运行更具实时性和指导意义，因此本部分主要阐述战术流量管理策略。

1.5.1 地面等待

（1）适用情况

繁忙机场或空域受恶劣天气、设备设施故障等情况影响，空中交通管制容量预计将在较长一段时间内大幅度减小，且这种容量的减小往往对一定时间内进入管制扇区的航空器数量有较为严格的限制，而对航空器间隔要求不高或者管制单位需要对间隔进行必要的调整（比如无论区域调配的间隔多么合理，进近都需要调整间隔并排序），此时流量已经或者预计可能将大幅度超过空中交通管制单位能提供的容量，如不采取措施，航空器将在空中进行长时间等待，不但危及飞行安全，也会造成不必要的油耗。

美国将机场容量受限导致的地面等待叫作 GDP，通过 CDM 进行的 GDP 程序叫作 GDP-E，因空域容量受限而启动的地面等待叫作 AFP，且通常 GDP 具有比 AFP 更高的优先级，同时出现受多个 AFP 程序限制时通常按照先后顺序分配时隙，GDP 和 AFP 发布的起飞时间均表示为 EDCT（预计离场时刻），容差为 ±5 min。

（2）程序目的

通过控制一定范围（根据容量持续不足的时间、时隙分配及发布的提前量等因素，人为设置的一个范围）内飞往该机场或空域的航班的起飞时间，这些航班在起飞机场停机位或者地面进行等待,以避免盲目起飞后在相关空域长时间等待,避免流量超过相关管制单位工作负荷,避免各管制单位从最悲观的角度出发对流量限制层层加码后传递。

(3)程序优势

一定时间内进入管制范围的航空器数量是有限制的,而这些航班来自全国各地,受各种原因影响,对预测的精度要求不是很高,因此通常受限航空器可以在一个较宽的时间范围内起飞,便于管制单位调配。

(4)程序局限

该程序对一定时间内进入管制范围的航空器数量有较严格的限制,且由于作用时间长、距离远,航班流分布较为不均匀,还可能会导致航空器在某些进港点过于密集,通常还需要相关流量管理单位密切关注流量情况,采取一些更小时间尺度的流量管理方法(如空中等待等)加以配合来达到效果。另外,由于对未来短期天气、容量等的预测准确性存在一定的概率,当预测的容量比临界容量偏大时,还需要采取空中等待或者地面停止等流量管理措施。

1.5.2　尾随间隔

(1)适用情况

航路或空域受恶劣天气等情况影响,需要航班按照指定的间隔要求通过某个定位点、航路或者空域时,常采用此种方法。一般情况下,当要求的间隔值较大(通常认为在 30~50 km 以上)时才采用尾随间隔方法,尾随间隔方法还分为指定距离间隔和指定时间间隔两种。

尾随间隔方法通常还可以同总量控制方法共同使用,首先使用总量对航班进行控制,使航班以一定的数量、较为均匀的间隔以及较大的容差运行,当出现不可接受的偏离尾随间隔要求的状况时,系统再及时进行调整,这样有利于确保运行有序,减少计算机时隙分配过程中的频繁跳变现象发生。

(2)程序目的

控制空中和地面的航班以指定的间隔通过某航路点或空域,满足空域容量受限的需要。

(3)程序优势

航班流通常会以保持较大的间隔容差,以有序的航班流顺畅通过受限区域或受限航路点。

(4)程序局限

该程序通常由于空域受限而要求航班以一定规整的队列通过某个航路点或者空域。由于对间隔的要求较为严格,尾随间隔程序通常不适用于进行跨区的流量管理,通常适用于地区级流量管理单位对本区域范围内航班流量的管理;非常不利于充分利用空域容量资源,如果根据运行动态及时调整相关航班时隙,则会导致大量的时隙跳变,所以管制单位日常工作中会人为放大间隔要求以满足运行要求。

1.5.3 地面停止

（1）适用情况

地面停止程序适用于以下几种情况：因为重要的天气事件或者航空器事故或事故征候使机场容量严重减小；防止航空器在空中长时间等待，防止扇区或者机场接近饱和水平；因为不可预见的情况，管制单位不能或部分不能提供空中交通服务；因为恶劣天气或者突发灾难性事件，航路、空域、机场不可用。

（2）程序目的

解决容量减小的突发情况，使航班在起飞机场地面等待。

（3）程序优势

地面停止程序在所有的流量管理策略中具有最高的优先级，常用于解决突发情况导致的容量减小，避免运行环境进一步恶化。

（4）程序局限

地面停止通常适用于突发的、未预测到的或控制不当导致的情况，为尽快重新建立空中秩序，通常短时间内无法给出起飞时隙。由于地面停止对用户的潜在影响，如果时间和环境允许，其他流量管理程序应当优先于地面停止程序。

1.5.4 空中等待

（1）适用情况

空中等待程序适用于短期容流不平衡的情况。

（2）程序目的

通过要求航空器进行预定的标准等待以应对短期容量和需求平衡的过程，提供短期的缓冲以便在某些特定的气象事件发生时增加容量。

（3）程序优势

容流不平衡的情况是短暂的，通过必要的空中等待，可以更加充分地利用空域和机场容量。

（4）程序局限

进行空中等待需要可用的等待程序或空域，对空域要求较高，常常无法得到满足。另外，空中等待将使油耗增加，会造成有害气体的额外排放。

1.5.5 最小起飞间隔

（1）适用情况

最小起飞间隔程序当且仅当离场扇区极度繁忙或者容量突然减小时（设备故障或气象条件等原因）方可使用。

（2）程序目的

解决离场管制扇区过度繁忙或离场扇区受恶劣天气等影响严重的问题。

（3）程序优势

迅速减少离场航班数量，迅速解决离场扇区容量不平衡的问题。

(4)程序局限

由于起飞容量受限,将出现较多航空器在起飞机场地面或停机位进行等待。

1.5.6 战术改航

(1)适用情况

战术改航程序适用于由于某一区域或航路受天气等影响,航空器无法通过相关区域或航路的情况。改航常用于以下情况:使航空器按照指定的交通流向运行;避免飞往有限制的空域或者预留的空域;避免空域过于拥挤;避免飞往气象条件复杂的区域。

(2)程序目的

通过改变航空器飞行航迹,改变通过某区域、航路的航空器流量,从而避免相关航空器无法通过相应区域或航路。

(3)程序优势

有效解决个别航班延误时间过长的情况。

(4)程序局限

根据我国现有相关法律、法规,改航通常需要相对复杂的协调过程和相关单位的批准。

1.6

发展概况

空中交通流量管理问题首先体现在实际的管制工作中。在 20 世纪 60 年代,当空中交通量达到一定的水平,空中拥挤频繁出现时,才引起人们的广泛关注,欧洲和美国等着手研究空中交通流量管理。20 世纪 70 年代,随着航空运输事业的迅猛发展,空中交通管制系统已经不能适应航空运输的需求,交通流量的增加超出了空域系统的容量限制,经常造成大范围的延误和等待。于是一些航空运输发达国家/地区提出了空中交通流量管理的概念,并逐步建立了适合自身的空中交通流量管理运行体系,对本国(或地区)的空中交通流量进行管理。

1.6.1 在美国的发展概况

1.6.1.1 发展历程

20 世纪 60 年代,空中交通活动频繁增加,超出了国家空域系统(National Airspace System,NAS)的承受能力,导致大量空中交通延误。为此,美国联邦航空管理局(Federal Aviation Administration,FAA)提出了到场计量程序,其功能是将出现的到场延误分摊到整个航路飞行阶段。为了进一步处理由此产生的航路延误,FAA又在航路交通管制中心(Air Route Traffic Control Center,ARTCC)设置了空中交通流量管理单元(Traffic Management Unit,TMU),同时采用航路计量程序吸收航路延误。以上两项措施构成了美国最初的空中交通流量管理技术手段。到场计量系统和航路计量系统是美国空中交通流量管理系统的前身。

到了20世纪80年代,FAA在华盛顿总部建立中央流量管制室,通过对飞行活动的动态监控为管制部门提供预警服务,初步实施了地面等待和流量预测计划。进入20世纪90年代,FAA流量管理机构逐步完善,并于1994年建成流量管理中心——空中交通管制系统指挥中心(Air Traffic Control System Command Center, ATCSCC)。目前,FAA流量管理运行体系拥有以ATCSCC为核心,以设在区域管制中心、终端管制中心和一些繁忙塔台以及海外的流量管理单位为支持和执行机构的流量管理体系。

1.6.1.2 组织机构

美国空中交通流量管理系统的组织结构包括三个层次,如图1.3所示。第一层为空中交通管制系统指挥中心,位于华盛顿;第二层由21个航路管制中心构成;第三层为终端管制中心,由终端雷达管制中心和塔台管制中心构成。

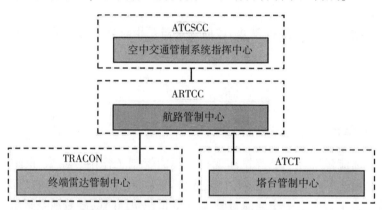

图1.3 美国空中交通流量管理组织结构

各级组织机构的职能如下:

(1)空中交通管制系统指挥中心

空中交通管制系统指挥中心负责交通管理系统的具体运行。所有交通管理部门协助空中交通管制系统指挥中心保证交通管理系统的安全与效率。空中交通管制系统指挥中心与各交通管理机构、用户和气象信息服务商协作,具体负责:执行国家交通管理策略;监视、分析天气状况和系统运行状态,防止系统冲突;制订每天的交通管理方案;确定执行交通管理策略的时机,以应对国家空域系统容量的降低;必要时实施国家交通管理预案,保证国家空域系统内空中交通的有序运行;当国家交通管理预案不适用时,因时制宜地执行备选方案;对所有交通管理机构的交通管理预案进行最终审批;评估交通管理预案的适宜性。

(2)航路管制中心的交通管理机构

航路管制中心的交通管理机构履行以下职责:与终端管制中心交通管理机构

一起,改进到达策略,保证实现机场接收率;充分利用增强型交通管理系统的交通态势显示、监视和报警功能,主动调整空中交通;定期回顾、分析交通管理过程,保证方案的有效性,并进行必要的调整;任命交通管理代表,负责与中央气象服务单元和空中交通管制运行人员进行信息交互;向交通管制系统指挥中心和与其相邻的相关机构发布经批准的本地交通管理信息。

（3）终端管制中心的交通管理机构

终端管制中心的交通管理机构履行的职责:通过与航路管制中心的交通管理机构或相邻的终端管制中心的交通管理机构协调,平衡到达流,确保不超过当前的容量;通过与塔台和终端雷达管制中心协调,确定机场接收率,并协助航路管制中心的交通管理机构和相邻终端管制中心的交通管理机构改进方案;监督离场点的流量平衡,确保下一机构所属空域的扇区效率;根据具体情况实施登机门等待程序,减少机场地面交通阻塞;与机场协调,保证跑道、滑行道和其他机场设施关闭对运行的影响最小;确保最佳的空域/跑道配置;定期回顾、分析交通管理过程,保证方案的有效性,并进行必要的调整;向相关的交通管理单位通告本地的交通管理预案。

在美国,流量管理是为管制工作服务的,这是美国流量管理工作的出发点和落脚点。因此,流量管理工作既要与管制工作密切结合在一起,使其工作环境相同,以便面对相同的问题,做出客观的判断,又要作为一个单独的系统,跳出局部思维,从整体利益出发,这样才能做出满足系统利益最大化并兼顾公平的决策。在行政上,空中交通流量管理单元(TMU)隶属于当地管制机构,除了要维护当地管制机构的利益外,还必须严格执行上级流量管理部门制订的流量管理措施。

各个管制机构的空中交通流量管理单元都安置在其管制室内,具有相对独立的工作区域,配有与空中交通管制系统指挥中心相同的流量管理系统,作为一个特别工作组,与管制室中的管制人员同步工作。每个管制室的带班主任负责对本管制室各管制席位的运行进行监督和协调;空中交通流量管理单元的流量管理督导(相当于空中交通流量管理单元的带班主任)负责协助管制室带班主任与外部单位进行协调。管制室的带班主任和空中交通流量管理单元的流量管理督导行政上处于平等地位。

美国各级流量管理机构有大量专业的流量管理人员。美国的流量管理人员通常从具有 10 年以上管制经验的管制员中选拔,由管制员主动提出申请,经初试考核合格后,经过约 5 个月的岗位培训才可以上岗。空中交通管制系统指挥中心的流量管理人员更需要有在多个大型空管机构工作的经历,这对于流量管理十分必要,因此他们也被称为"流量管理专家"。

1.6.2　在欧洲的发展概况

1.6.2.1　发展历程

（1）起步阶段

1971 年 11 月,ICAO 欧洲地区第六次航行会议提出把空中交通流量管理作为空中交通管制的补充功能,建立一个地区级的流量和空域管理机构。1972年1月,在法国建立了第一个真正意义上的流量管理机构,3年后在德国也建立了同样的流量管理机构,它们的职责是流量控制和空域管理。1972年3月,建设了欧洲流量控制中心和中央级的空中交通流量管理机构,以平衡需求和容量,管理整个欧洲地区的飞行流量。

随后几年,有12个国家的地区级空中交通流量管理机构在欧洲相继建立。各地区级空中交通流量管理机构所采取的措施在各自的管辖区域内是有效的,但会对周边地区造成负面影响。因此,人们越来越认识到解决此问题的唯一途径是建立一个负责管理欧洲所有地区飞行流量的机构。

1988年7月,欧洲空中交通管制局建议制订进一步发展"中心数据库"的计划。1988年10月,欧洲民航委员会成员的交通部部长们呼吁为22个成员制订建立中央流量管理单元的方案。1988年11月,欧洲空中交通管制局批准了上述建议和方案,并让其下属公司制订建设中央流量管理单元的计划,该中央流量管理单元为欧洲民航委员会所有成员提供服务。1989年7月,欧洲空中交通管制局同意中央流量管理单元负责管理欧洲民航委员会各成员空域。

(2)发展阶段

1991年10月,预战术流量管理首次运行。1994年2月,中央流量管理单元(Central Flow Management Unit,CFMU)在欧洲民航会议成员空域进行了预战术的全功能运行,并且将办公地址迁至邻近布鲁塞尔机场的新的多功能大厅。1995年4月,CFMU进行了首次战术流量运行并接管了法国和瑞士的空中交通流量管理工作。1995年11月,CFMU将战术流量管理的范围扩展至欧洲民航会议成员的25个国家的领空。欧洲的40个航路管制中心直接与CFMU协调流量管理工作。1996年年初,CFMU完成战术流量管理的接管工作。1996年3月28日,初始飞行计划集中处理系统(Initial Flight Plan System,IFPS)正式启动运行,标志着CFMU担负起欧洲所有的流量管理工作职能。

CFMU是建立在ICAO管理层面的协调、国家主管部门的沟通、服务提供者与航空公司的配合坚实的基础之上的。所有部门不断协商整个项目,并帮助定义功能和评价系统。这使所有参与者们不断地巩固信心,这也是CFMU之所以能够成功的重要因素。

(3)升级阶段

2011年,欧洲拉开了空中交通网络化运行管理的序幕。欧洲民航委员会委托欧洲空中航行安全组织(EUROCONTROL)作为欧洲网络化运行的管理者,CFMU更名为网络化管理运行中心(Network Operation Management Center,NOMC)。

NOMC的工作目标是减轻空中交通管制单位管制员的工作负荷,保证空中交通的畅通,充分利用空域资源,减少空中交通拥挤所造成的损失。

1.6.2.2　组织机构

为不断适应业务发展的需要,NOMC 经常调整其组织机构。目前,NOMC 的主要组织机构突出了"网络运行"的管理思路在组织机构设置中的重要地位,如图 1.4 所示。

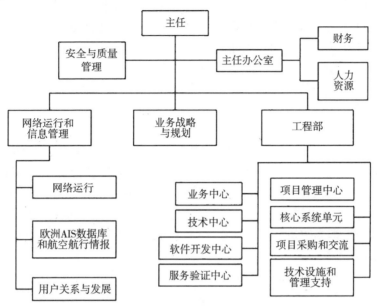

图 1.4　NOMC 组织机构简图

NOMC 与相关运行单位的运行关系,以及通过各种途径交换信息的主要内容和数据流向如图 1.5 所示。

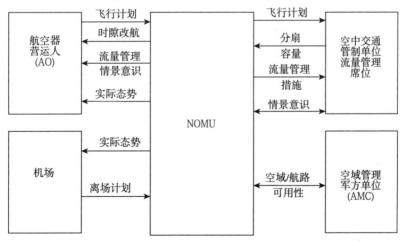

图 1.5　NOMC 运行关系与信息交换

NOMC 的总部位于布鲁塞尔,NOMC 运行大厅集成了战术流量管理、预战术流量管理、初始飞行计划处理、空域数据维护、系统运行支持等众多日常运行席位。为满足运行的需要,NOMC 运行大厅主要负责:

(1)实时系统运行监控,监视 NOMC 以及与其连接的约 3 500 个终端的系统运行和数据情况;为各种内部和外部用户提供直接技术支持。

(2)由初始飞行计划集中处理系统(IFPS)为欧洲民航委员会的成员检查、处理和分发飞行计划数据;为增强的战术流量管理系统提供飞行计划数据;为空中航行服务提供者提供可以被自动处理的飞行计划数据。

(3)由值班领导管理和监控 NOMC 的日常运行;在危机管理中充当欧洲空中交通管理领域的中央协调人。

(4)进行战术运行,包括:

①战术流量管理运行:在 NOMC 管辖区域内实施完成容量/需求的优化工作,这一职能由增强的战术流量管理系统提供,该系统具备计算机辅助时隙分配(Computer Assisted Slot Allocation,CASA)的系统功能;在运行当日监视交通负荷与可用容量,并与各流量管理席位就进一步优化使用全欧洲空域容量进行沟通互动;实施延误管理,即当航班运行受到影响时,按照一定规则提出各种备选措施,尽可能降低延误水平。

②战术网络协调:由战术网络协调员监控全部战术空中交通流量和容量状态,确保欧洲地区所有空中交通流量与容量管理措施目标和行动的一致性。协调对象包括:航空营运人、流量管理席位、基层管制单位的独立战术席位(或人员)及内部组织。协调的内容一般是优化航路使用(改航、限制飞行高度层使用等)、扇区配置等。

③充当航空营运人联络员:作为实施空中交通流量与容量管理措施时与航空营运人的主要联系中介。其职责是:协助网络管理者准备日常预战术计划;与战术网络协调员共同参与日常战术运行。

(5)航路数据维护:为 IFPS 提供40%的飞行计划数据;维护用于改航的欧洲空中交通航路数据。

(6)预战术空中交通流量运行与网络管理:在飞行日之前的 6 天,优化可用容量满足预测的交通需求,和/或管理交通需求以尽可能减少延误和由此带来的附加运行成本;公布经过协同决策的运行日计划。

(7)空域数据管理:维护空域数据系统,这些数据包括各国航行资料汇编(Aeronautical Information Publication,AIP)中公布的空中航行基础设施信息(航路航线、标准仪表离场程序、标准仪表进场程序、条件航路、机场等),由各成员提供的管制扇区信息,航空营运人期望的 NOMC 运行电报收电地址等。

1.6.3 在中国的发展概况

我国空中交通流量管理虽然起步较晚,但经过 30 多年的理论研究与应用实践,我国在空域容量评估、空中交通流量预测、航班时刻优化、协同地面等待、航班排序、交通态势显示、尾随间隔管理、空域与流量协同管理等方面取得了一系列基础理论、基本策略和原型系统成果,为进一步针对具体问题的实际应用打下了一定基础。同时,为了加快空中交通流量管理体系的建设进程,近几年中国民航在空中交通流量协同运行管理方面进行了初步规划研究。2014年5月,中国民用航空局发布了《民用航空空中交通流量管理运行指导材料》,对流量管理的目标、原则、过程以及核心业务等进行统一描述,为各地区空管局、空管分局(站)等单位实施空中交通流量管理工作提供了基础性指导材料。

目前,我国的流量管理工作是分为全国级、地区级、终端级三级开展的。依据《民用航空空中交通流量管理运行指导材料》,第一级为全国级流量管理中心,设置在民航局空管局,由运行监控中心流量室具体行使工作职能。北京、上海、广州、成都、西安、新疆、沈阳和海口分别成立了流量管理室;各地区运行管理中心也有相应的负责流量管理的机构。上述部门共同构成我国流量管理二级机构。第三级为终端级流量管理席位,设置在各地空管分局(站)的中低空和进近管制单位,以及繁忙机场管制(塔台)。

随着流量管理体系的建立,各地区的流量管理工作逐步向正规化、体系化、规模化发展。在民航局空管局的统一部署下,流量管理工具也在逐步统一,对基础数据的采集、流量系统软件的完善工作也在深入推进中。各地区结合自身特点,分别建立了各自的运行系统,在统一放行排序、减少上客后地面等待方面起到了积极作用。在会商决策机制方面,不但有全国性的每日视频会议,各地区也陆续建立起本区域会商机制,依托已有或新建的电视、电话会议系统,体现出会商决策及时、高效、统一的重要作用。

此外,中国空管组织参与了ICAO区域国际流量管理合作——亚太地区流量管理运行试验,同时东北亚地区流量管理协调组(NARAHG)、BCMIT流量管理合作组(孟加拉国、中国、缅甸、印度、泰国)、CMR(中国、蒙古国、俄罗斯)流量管理合作、丝绸之路经济带空管合作(中国、吉尔吉斯斯坦、塔吉克斯坦)四个次区域国际流量管理合作也取得了历史性的突破,形成了以中国为中心的五个主次区域流量管理合作环之间相互协同、相互呼应和相互支撑的良好局面。

第 2 章

地面等待策略中的时隙
分配问题

2.1
时隙分配问题的提出

自改革开放以来,随着国民经济的快速发展,我国航空运输量持续快速增长,多年位列世界第二。尽管在 2020—2022 年受新型冠状病毒感染疫情影响,航空运输业陷入低谷,但伴随着我国在疫情防控工作中取得的重要阶段性胜利,民航运输业强力复苏是大势所趋。

航空运输蓬勃发展,空中交通流量急剧增加,导致空中交通网络日趋拥挤。特别在天气情况恶劣的时候,机场容量相对减小,航班延误现象十分严重。此外,我国空中交通流量在地域和时间方面分布不均衡,这也加剧了交通拥挤。统计资料表明,我国年飞行架次的三分之一集中在东部几个大型机场和主干航路上,使得这些机场和空域出现了严重的交通拥挤现象,造成飞机的空中盘旋、地面延迟,不仅增加了运营成本,同时也加重了交通管制人员的负担,严重危及飞行安全。随着航空运输业的不断发展,瓶颈将越发严重。

解决空域和机场拥塞问题,可以从增加机场容量和调整航班流量两方面来考虑。增加机场容量的方法包括建造更多的机场、增加机场的跑道数量等,但是这需要大量的资金,而且周期长,见效慢。调整航班流量,即流量管理,是日常工作中最为常用的措施,具体方法包括地面等待、空中等待、调整速度、间隔控制以及绕飞等。地面等待策略(Ground Holding Policy,GHP)是解决机场拥挤的一种有效方法,其核心问题就是时隙分配问题,即如何分配地面等待航班的起飞时间。协同决策(Collaborate Decision Making,CDM)思想的引入和发展,加强了 GHP 参与各方之间的协作,开创了空中交通流量管理一个新的研究与应用领域。与以往的时隙分配问题不同,在 CDM GHP 时隙分配过程中,航空公司的决策空间增加,可以与流量管理部门共同决定时隙分配的结果。由于航空公司与流量管理部门的决策目标往往并不一致,因此在时隙分配过程中需要平衡两者的利益,使得分配结果满足有效性、效率性和公平性。

为适应我国空中交通持续发展的需要,满足科学时隙分配的要求,深入研究时隙分配的理论方法具有非常重要的理论意义和应用价值。理论上,该课题将加速我国在民航科技前沿领域热点问题的研究,推动形成时隙分配的理论体系,为完善流量管理的应用提供科学的理论基础,也为正在创立的空中交通工程学科提供助力。应用上,该课题的研究不仅能够有效解决拥挤时间区间的流量与容量的不平衡问题,保证航空交通运输的安全、顺畅,还将有助于提高航空公司的经济效益,减少航班延误造成的不利影响。此外,将理论研究结果与已有的应用系统相结合,必将改善流量管理应用系统的性能,为一线工作人员提供更为实用的决策支持。

2.2　时隙分配的基础知识

GHP 的模型与算法是时隙分配问题的重要组成部分,随着对时隙分配问题研究的不断深入,CDM 理论被引入该领域,从而加强了 GHP 参与各方之间的协作,使得时隙分配方式发生了显著变化。本部分先介绍 GHP 和 CDM 理论中与时隙分配相关的基础知识。

2.2.1　地面等待策略(GHP)

2.2.1.1　概念

根据 Terrab 和 Odoni 的提法,GHP 可以描述为:在航班延误不可避免的前提下,让航班在各自起飞机场延误一定的时间后再起飞,将空中延误转化成地面延误。其优点是避免了改航、备降和空中等待,既保证了飞行安全、平衡了容量与流量,又降低了延误成本。

2.2.1.2　含义

从 GHP 的概念可以看出,GHP 具有三层含义:

(1)平衡流量与容量。通过控制航班的起飞时间,使得部分航班避开拥挤时段,从而使得航班流量能够满足机场容量的限制要求。

(2)减少空中延误。空中等待需要消耗大量的油料,比地面等待的费用高出很多;同时,旅客也不希望在空中滞留太长时间。

(3)时隙分配是核心。GHP 的关键在于给哪些航班分配多少地面等待时间,从而确定航班的起飞时间,即分配时隙。

2.2.1.3　分类

GHP 的分类标准是多种多样的。王来军、史忠科、胡明华、徐肖豪等将 GHP 的分类归为以下几种：

（1）根据拥挤机场的数量分为单机场 GHP 和多机场 GHP。单机场 GHP 是指在整个机场网络中只有一个机场发生拥挤；多机场 GHP 是指在整个机场网络中有多个机场同时发生拥挤。

（2）根据容量是否确定分为确定型 GHP 和随机型 GHP。确定型 GHP 的受限元（机场、扇区、定位点等）的容量是确定的；随机型 GHP 的受限元的容量是随机变化的。

（3）根据决策信息是否随时间更新分为静态 GHP 和动态 GHP。静态 GHP 的航班的地面等待时间被确定下来后，在整个决策过程中不再改变；动态 GHP 的航班的地面等待时间随着天气等相关信息的变化而不断变化。

（4）根据驱动模式不同分为时间驱动 GHP 和事件驱动 GHP。时间驱动 GHP 将所研究的整个时间区间划分为多个小的时间区间，然后分别在这些小的时间区间上进行研究，大多数线性规划和动态规划采用这种时间驱动模式；事件驱动 GHP 将所研究系统看作一个离散事件动态系统，把航班的起飞、到场和着陆作为输入事件，跑道服务时间作为系统服务时间，按事件发生的时间顺序依次分析其对整个系统的影响。

（5）根据容量受限元的数量分为单元受限 GHP 和多元受限 GHP。单元受限 GHP 只有一个容量受限元，一般来说指机场跑道容量受限；多元受限 GHP 除了机场跑道之外，扇区、航路、定位点等容量也同时受到限制。

2.2.2　协同决策（CDM）

2.2.2.1　概念与发展历程

Ball 在其研究中指出：CDM 是一种协同合作的理念，它是指流量管理参与各方，包括流量管理部门、航空公司、机场、飞行员等，通过信息共享与交流等手段加强相互之间的协作，有助于做出更合理的决策，能够提高流量管理系统的服务质量。

美国联邦航空管理局（FAA）在 1993 年进行的"航空局与航空公司数据交换"（FAA-Airlines Data Exchange，FADE）实验中首次引入了 CDM 理论，并验证了信息共享与交流能够提高流量管理的效率。随后，CDM 的研究主要集中在两个方面。一是硬件方面，研究将决策支持信息显示在所有相关用户面前的数据引接、传输和显示技术。例如，美国研究的基于网络的航班监视（Flight Schedule Monitor，FSM）系统可以将繁忙机场的进离场交通显示到远端的用户面前；协作航路协调工具（Collaborative Routing Coordination Tools，CRCT）可以实现空域中拥挤信息的传输和显示。二是在 CDM 体系下，对流量管理程序的改进。例如，1998 年，FAA 提出了与 FSM 配合使用的增强地面等待程序(Ground Delay Program-Enhancement, GDP-E)。2000 年,Gilbo 在 GDP-E 的基础上提出了改进的 CDM GDP-E。同年, Mitre 提出了与协作航路协调工具配合运行的各种调配航路的方法。

1998 年年初,开始在纽约和旧金山机场测试 CDM 原型,测试结果表明能够减少 48% 的延误;4 月,在拉瓜迪亚机场和圣路易斯机场测试 CDM 原型;9 月,在所有的美国机场测试 CDM 原型;2000 年,从原型系统升级到操作状态,目前处于运行和发展中。在欧洲,EUROCONTROL 分别从机场、航空公司和空管三个方面评估了信息共享带来的利益。这些积极的研究成果进一步促进了 CDM 在流量管理中的广泛研究和应用。

目前,美国、欧洲和日本都已经相继建立了基于 CDM 的协同流量管理的应用系统,能够实施大范围的流量管理。我国自主研制的"厦门流量监控网络系统" "上海流量管理实验系统"能够实现部分的流量管理功能;目前正在使用的"协同流量管理系统"旨在对全国范围的拥挤问题实施流量管理。

2.2.2.2　核心机制

CDM 的核心在于协作。空中交通流量管理是一种大规模的管理决策活动,决策必需的信息资源或决策因素分散在较大的活动范围内,涉及许多承担不同责任的决策单位或决策人。一个有效的决策的制定和执行离不开决策单位或决策人之间的协作,所以 CDM 要求空中交通流量管理从原有的集权式决策方式逐步过渡到分布式决策方式。分布式决策允许不同用户获知流量管理部门传递的空中交通系统的运行信息,以便更好地获知系统目标与经济动力,从而改善系统性能。但是不同的用户以各自的决策目标为驱动,追求自身利益的最大化,往往会牺牲系统的整体利益。所以在空中交通流量管理领域研究 CDM,不能采用完全自主的分布式方式,而应采用在流量管理部门指导和监督下的有限制的分布式方式。

在 CDM 体系下,流量管理部门、航空公司、机场等各个方面不断进行信息交流。所有参与 CDM 的航空公司将其运行中心的信息及时发送给流量管理部门的指挥中心,这些信息包括:航班取消、机械延误及其他的一些影响空域需求的因素。流量管理部门综合这些信息,公布更新的运行信息以及空中交通态势,为航空公司、机场等做出决策提供必要支持。

2.2.3　CDM GHP

目前在空中交通流量管理领域,CDM 最成熟的应用是针对 GHP 中的时隙分配问题。本部分对 CDM GHP 时隙分配的职责划分以及分配过程进行阐述。

2.2.3.1　职责划分

虽然在 CDM GHP 中有众多的参与方,但是在时隙分配问题中主要考虑流量管理部门和航空公司之间的协同决策,因此需要明确流量管理部门和航空公司的职责划分。流量管理部门的职责就是平衡流量与容量、提高时隙资源利用率、确保飞行安全,在此基础上尽可能满足航空公司的决策目标;航空公司的职责就是在满足时隙资源约束的前提下,自主地决策本公司的利益目标,并为流量管理部门提供准确的航班取消、合并及延误等信息,从而提高流量管理部门发布的运行信息的准确性。可以看出,流量管理部门和航空公司虽然各自承担不同的职责,但是这些职责的执行都离不开对方的参与,它们之间的协作形成了良性循环。

2.2.3.2 分配过程

CDM GHP 的分配过程可以分为初始分配、航空公司的航班替换和取消以及再次分配三个阶段。首先,流量管理部门按照某种规则将时隙分配给航班,作为初始分配,航班对应的航空公司则拥有了分配的时隙;然后,航空公司对本公司的航班进行替换和取消操作;最后,按照某种规则再次分配时隙。CDM GHP 时隙分配过程示意图见图 2.1。

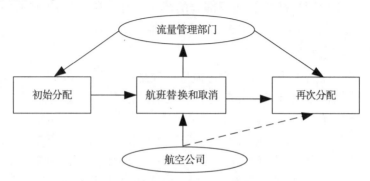

图 2.1　CDM GHP 时隙分配过程示意图

从图 2.1 可以看出,流量管理部门参与了初始分配和再次分配;航空公司进行本公司内部的航班替换和取消,但是不一定参与时隙的再次分配(如图 2.1 中的虚线所示),是否参与再次分配这取决于再次分配过程所采用的机制以及方法。

2.3
时隙分配问题的研究现状

飞机从起飞到着陆的整个过程中都存在时隙分配问题。本书涉及的时隙分配是 GHP 中的时隙分配问题,即起飞和着陆时隙分配问题,不再考虑其他的时隙分配问题。时隙分配需要满足有效性、效率性和公平性,具体概念及内容将在第 3 章详细阐述。

本部分主要针对单机场 GHP 的时隙分配问题,立足于有效性、效率性和公平性,首先从数学模型、分配算法和时隙数目确定方法三个方面分别对时隙分配的研究现状进行总结论述;然后在此基础上分析时隙分配的关键问题;最后指出时隙分配问题未来的研究方向。

2.3.1　时隙分配的数学模型

时隙分配问题的研究是从建立 GHP 数学模型开始的。根据航空公司和流量管理部门参与决策及管理集中程度的不同,Vossen 将时隙分配分为集权式和分布式两种分配方式。集权式分配方式是指:流量管理部门作为唯一的决策者,独自做出所有分配决策,航空公司只能被动地接受分配结果,完全遵照执行。分布式分配方式是指:航空公司参与了决策过程,对时隙具有一定的管理权,可根据本公司的决策目标,通过时隙交换和交易等手段,决定本公司航班时隙分配方案。下面分别对这两种分配模型进行阐述。

2.3.1.1　集权式分配模型

在 CDM 应用之前的研究都是集权式分配模型,本小节从确定型模型、随机型模型以及事件驱动模型三个方面进行阐述。

（1）确定型模型

1987 年,Odoni 首次系统地阐述了空中交通流量问题的研究领域、基本概念和主要问题,提出了重新安排飞机起飞时间以使拥挤成本最小化的思想。1989 年,Terrab 和 Odoni 将单机场确定型模型转化成了网络流模型,提出用最小费用流来求解模型。1997 年,Gilbo 研究了机场跑道的起飞、降落以及进离场定位点同时容量受限的模型,这是多元受限 GHP 模型的首次尝试,该模型以到场和离场的航班数量为变量,而不是针对单架次航班的起降时间,降低了计算量。2001 年,Pulugurtha 等为了克服传统的线性规划等方法存在的"维数爆炸"的缺陷,将人工智能算法引入 GHP 问题中,采用遗传算法求解静态模型,加快了模型求解速度,推动了 GHP 模型在实际中的应用。

国内关于 GHP 的研究开始于 20 世纪 90 年代,起步较晚。1994 年,胡明华、徐肖豪首次研究了 GHP 问题;随后于 1998 年研究了确定容量条件下的多元受限 GHP,并利用启发式算法和专家系统相结合来解决这一问题。2000 年,胡明华等在简单网络规划模型的基础上,改进成本函数,构造了改进的网络流规划模型,并采用最小费用流算法求解模型。2004 年,李雄、徐肖豪建立了 GHP 的指派模型,并采用匈牙利算法求解模型。2004 年,樊军、王莉莉针对单机场静态 GHP 模型,提出了基于 Hopfield 神经网络的启发式算法,通过理论推导证明了算法的可行性。2007 年,董云龙以每家航空公司平均分担总延误成本来体现公平性,建立了基于航空公司的二次整数规划模型。2008 年,张荣以每架次航班平均分担总延误成本来体现公平性,建立了基于航班的二次整数规划模型,并采用遗传算法求解模型。2008 年,张洪海、胡明华等建立了起降容量协同优化模型,并采用遗传算法求解模型。2009 年,王飞、徐肖豪等研究了基于人工鱼群算法的 GHP 模型。

(2)随机型模型

在确定型模型发展的同时,随机型模型也得到了研究。1987年,Andreatta 和 Romanin-Jacur 首次研究单个时间区间的静态随机型 GHP,并提出了动态规划算法,但是动态规划的计算太复杂,限制了实际应用。1989年,Terrab 和 Odoni 将单个时间区间推广到了多个时间区间,针对动态规划方法执行效率低的缺陷,提出了一些启发式方法。1993年,Richetta 和 Odoni 利用 0-1 随机线性规划的方法建立了单个时间区间的静态 GHP 模型;1994年,又建立了多个时间区间的 GHP 模型,并提出了分解算法。1997年,Hoffman 针对航班机群而不是单架次航班,建立了基于线性规划的静态随机型 GHP 模型,研究了该模型的双网络流结构的特性,指出可通过松弛条件直接获得整数解,该模型以航班数量为决策变量,不仅降低了计算量,而且更重要的是计算结果可以认为是可用来分配的时隙数量;1998年,Rikfin 又对该模型做了进一步的扩展研究。2007年,Mukherjee 等研究了动态随机型模型,并通过实例验证了该模型能够较快地获得整数解。

国内对随机型 GHP 模型的研究相对较少。2003年,高海军等针对随机容量情况,采用模糊推理建立了模糊控制模型,并提出了启发式算法。2004年,王来军、史忠科将取消的航班数量和不在计划内的航班数量都看作到场需求样本空间的离散型随机变量,在此基础上研究了需求随机型 GHP 优化建模;2005年,又对随机型模型中的关键参数的物理意义和相关的数学关系做了详细的分析讨论。

(3)事件驱动模型

2001年,Panayiotou 等利用样本路径方法研究了 GHP,将航班的起飞、到达、等待和降落看作事件,将着陆航班的跑道服务时间看作受天气变化影响的随机变量,以航班的地面等待时间为决策变量,引入有限扰动分析技术(Finite Perturbation Analysis,FPA),建立动态随机事件模型,并提出基于 FPA 的控制算法,该模型和算法能够有效地分析新增航班(军航、通航等)对计划的航班队列的影响。2003年,罗喜伶、张其善建立了基于离散事件系统(Discrete Event System,DES)的确定型和随机型 GHP 模型,并给出了求解算法;2004年,又研究了起降容量受限的 DES 模型。随后,王来军、张学军等相继对 DES 模型进行了深入研究。2006年,王莉莉等引入降落事件的 0-1 整数变量,建立了新的事件模型并设计了遗传算法求解模型,随后针对模型中的组合优化问题提出了延迟时间当量概念和聚类求解算法,大大加快了求解速度。2009年,王飞、徐肖豪等在 Panayiotou 等建立的事件驱动模型的基础上,考虑了联程航班的影响,提出了分层次的两阶段优化算法,并对模型的关键参数进行了详细的仿真分析。

虽然事件驱动模型能够很好地处理零散时间碎片,缩短总的延误时间,但是由于每一个事件所花费的时间长度都不一样,难以事先评估所需要的时隙数量以及时隙长度,最重要的是在事件驱动模型中难以融入公平性因素。

集权式分配模型本质上是效率优先,很少考虑公平性,并且在这些模型中航空公司没有决策空间,无法真正满足自身利益需求。

2.3.1.2 分布式分配模型

在分布式分配模型中,航空公司参与了决策过程,可根据自己的决策目标对时隙分配方案进行调整。20 世纪 90 年代末,FAA 将 CDM 的思想引入了空中交通流量管理领域。CDM 的应用促进了基于 CDM 思想的分布式分配模型的研究。目前分布式分配模型都建立在确定型模型的基础上,重点研究公平性的实现。

2005 年,Vossen 和 Ball 在 OPTIFLOW 模型的基础上,通过设置成本系数建立了时隙分配(Slot Allocation)模型和时隙交换(Slot Exchange)模型,并采用贪婪算法求解模型。该模型允许航空公司设置目标时隙,不仅保证了基于航班优先权的公平性,而且体现了航空公司的决策能力,这是走向分布式的第一步。但是在该模型中,目标时隙只能是初始分配后本公司所拥有的时隙,航空公司的决策空间依然十分有限,局限于航班取消时的 1-1 时隙交换,即一个时隙交换另一个时隙。2006 年,Vossen 和 Ball 又进一步研究了以 2-2 时隙交换的方式来提高决策能力,将时隙的再次分配过程看作基于仲裁的讨价还价问题,并建立了网络流模型,这是市场机制下时隙分配的创造性探索。

国内学术界对分布式的时隙分配模型进行了初步研究。虽然有学者考虑了公平性因素,建立了基于二次整数规划的分配模型,但是这些模型仅仅是将延误时间或者延误成本平均分配给航空公司或者航班,航空公司并没有参与决策过程,所以仍应归属于集权式分配模型。

2.3.2 时隙分配算法

时隙分配算法是伴随着流量管理应用系统而产生的。流量管理应用系统针对 GHP 问题设计了相应的算法来实现时隙分配。特别是美国的协同流量管理系统,先有了时隙分配的算法,然后才吸引众多学者对 CDM 体系下的时隙分配模型进行研究。分配算法也可分为集权式和分布式两类,而分布式分配算法又可以分为初始分配算法和再次分配算法。

2.3.2.1 集权式分配算法

在引入 CDM 理论之前,Grover Jack 算法是最常见的集权式分配算法,其本质上是先到先服务(First Come First Serve,FCFS)算法。在该算法中,将考虑的时间区间分成 t 个小的时间段,一般情况下,时间段之间的时间间隔为 15 min。用 X_t 表示在第 t 个时间段内机场可接受的着陆航班数量(Arrival Acceptance Rate,AAR)。该算法的步骤如下:首先按照航班的预计到达时间(Estimated Time of Arrival,ETA)的递增顺序形成一组到达航班序列;然后将最早到达的 X_1 架次航班分配到第一个时间段,将紧接着的 X_2 架次航班分配到第二个时间段,以此类推,保持原有的顺序不变,每个时间段 t 内的需求和容量都能达到平衡。

Grover Jack 算法的优点是简单易操作,但是该算法也具有一些明显的缺点:

（1）虽然在每一个时间段内 X_l 满足了流量和容量的平衡，但是该算法只是给出了这 X_l 架次航班的到达时间段，并没有明确每一架次航班具体的到达时隙。

（2）该算法以 ETA 作为 FCFS 的标准，但是 ETA 是个预测值，在航班整个飞行过程中是实时变化的，流量管理部门难以预先分配时隙。

（3）航班不能安排在 ETA 之前的时隙着陆，在时隙分配过程中可能有些时隙资源由于分配不到航班而造成浪费。

（4）若航班取消，该航班没有了 ETA，则不会给该航班分配时隙，航空公司就会丧失一个时隙资源；若航班延误，航空公司报告了航班的延误就可能会受到双重惩罚。

可见，Grover Jack 算法会打击航空公司提供航班取消和延误信息的积极性，从而影响到流量管理部门对整个交通态势的评估和预测，因而不适合应用于 CDM 体系。

2.3.2.2　分布式分配算法

（1）初始分配算法

20 世纪 90 年代，美国的 NEXTOR（National Center of Excellence in Aviation Operations Research）研究小组提出了"按时刻分配"（Ration-by-Schedule，RBS）算法，该算法以初始计划着陆时间（Original Schedule Time of Arrival，OSTA）作为先到先服务（FCFS）算法的标准，克服了 Grover Jack 算法的丧失时隙、双重惩罚等缺陷，大大提高了航空公司信息共享的积极性。

2000 年，NEXTOR 又提出了"自然增长延误"（Accrue-Delay-Based，ADB）算法，用于分配空域资源，并应用到机场时隙分配问题中。在 ADB 算法中，如果两架次航班竞争同一个时隙，那么将时隙分配给累积延误损失最大的那架次航班。也就是说，如果时隙 s 给航班 f_1 带来的累积延误时间为 60 min，而给航班 f_2 带来的累积延误时间为 40 min，在总的累积延误时间不变的前提下，ADB 算法则会将时隙 s 分配给航班 f_1。

2006 年，李泉认为"既然天气原因造成了延误，那么这种延误当然需要每家航空公司共同承担"，因而提出了"按比例分配"（Proportion Allocation，PA）算法。该算法的流程是：在研究的时间区间内，首先按照各家航空公司所占航班资源的比例，采用最大小数部分算法或最大公约数算法计算各个航空公司应该获得的时隙数量，体现了一定程度的公平性；然后按照按时刻分配（RBS）算法等进一步分配时隙给航班。

2007 年，董云龙提出了"比例随机分配"（Proportion Random Allocation，PRA）算法。该算法对全部航班均赋予相同的优先级，计划航班时刻排在最前面的航班不再具有最高的优先级，其也不一定使用第一个时隙。PRA 的基本流程是：对每个可用时隙，寻找未分配时隙且可用此时隙的航班，将选中航班按公司分类，航空公司按航班数分享使用此时隙的比例，产生一个均匀分布的随机数，据此选中一家航空公司,该公司获得此时隙资源。由此可见,PRA既体现出基于优先级的分配思想,又体现出基于航空公司的分配思想。

由于机型的不同以及各航班的重要程度不同,相同的延误时间很可能会造成不同的延误成本,以总延误时间最短为目标的分配方法不一定是总延误成本最少的分配方法。为此,2006年,周茜、张学军在RBS和ADB算法的基础上,以总延误成本最小为目标,提出了两种基于延误成本系数的时隙分配算法,即"延误损失系数优先级RBS算法""二次自然增长延误算法",引入了评判函数来选择满足公平性要求的分配结果,对总延误损失和延误损失分配的公平性取舍更加灵活和有效。

(2)再次分配算法

同样,在20世纪90年代,美国的NEXTOR研究小组提出了"压缩"(Compression)算法,它是在初始时隙分配的基础上,将时刻表中的航班前移来填充每一个空闲时隙,对时隙进行再分配。该算法的基本思想是航空公司对于它们释放的时隙应该获得补偿,以鼓励航空公司报告航班取消。该算法的优点是充分利用时隙资源,有效缩短总延误时间;在压缩的过程中依然遵循公平原则。但是该算法也存在明显的缺点:只有出现空闲时隙的时候,该算法的优势才能体现出来。

随后为了解决动态问题,NEXTOR又提出了"动态时隙替换"(Slot Credit Substitution,SCS)算法。SCS算法采用一种有条件的请求模式交换时隙,是一个分布式、动态时隙交换过程。该算法的基本思想是:航空公司如果能够获得一个期望的时隙,那么该公司会取消一架较早的航班且释放该航班占用的时隙。可见,SCS算法是航班取消、替换以及Compression算法的联合,航空公司可通过主动地取消航班来压缩时隙,是1-1时隙交换算法。

2007年,董云龙借鉴"理想位置"(Ideal Position)算法的优点,结合基于航空公司的分配思想,提出了动态公平分配(Dynamic Fair Allocation,DFA)算法。DFA算法继承了理想位置算法的思想,通过优先级为航班设置理想位置,对于每一个时隙,寻找符合条件的理想位置最靠前的航班,此航班所属的航空公司获得时隙的所有权。此外,DFA算法继续保留了基于航空公司的分配思想,时隙资源的所有权仍赋予航空公司,而非航班,方便航空公司通过获得的时隙对航班进行调整。

初始分配算法和再次分配算法是相互配合和相互支持的整体,单独用其中一类算法分配时隙是不合适的。美国将RBS算法和Compression算法配合使用,形成RBS++算法,将其应用到流量管理系统中,取得了较好的应用效果。

2.3.3　时隙数量确定方法

确定时隙数量是进行时隙分配的前提,时隙数量与容量息息相关。确定型模型只存在一个容量样本,因而很容易确定可用的时隙数量。随机型模型中存在多个容量样本q和相应的概率p_q,而现有的大部分研究是假设容量样本q及其概率p_q是已知的,科学性和实用性不足。目前大部分的分配算法,无论是集权式还是分布式,是在确定型容量的基础上进行理论研究的,也就是说在算法中假设可用时隙数量是已知的,但是这往往不符合实际情况。

Sheel 在其研究中指出利用仿真工具从真实的历史数据中获取随机容量样本及其概率分布能够获得更大的利益。Pei-Chen Barry Liu 等针对某个具体机场一年内的容量历史数据进行分析,利用 K 均值(K-means)算法,通过容量样本聚类产生多个容量样本 q,计算相应的概率 p_q,并应用于随机型 GHP 模型,仿真结果说明该方法是可行的。

虽然通过容量样本聚类能够产生更加符合实际的容量样本 q 以及相应的概率 p_q,但是在计算随机型 GHP 模型时需要计算所有可能的随机容量样本,计算量较大,这就需要在保证模型实用性的基础上简化容量样本数量,以便降低计算量。为此,Willemain 和王来军分别研究了将 2 个容量样本转化成单个确定容量的方法:只有 2 个典型容量值时,不妨假设为 m_1 和 m_2,且 $m_1 > m_2$,相应的出现概率分别为 p_1 和 p_2,当 $\alpha' \times p_1 > 1$ 时(α' 为空地费用比),按照 m_1 计算确定型 GHP 模型,与按照 m_1、m_2、p_1 和 p_2 计算随机型 GHP 模型获得的分配结果是相同的,从而将 2 个容量样本转化成单个容量。

2.4
时隙分配的关键问题与发展方向

2.4.1 时隙分配的关键问题

通过对时隙分配数学模型与分配算法、时隙数量确定方法的国内外研究现状的分析,可以得到时隙分配的关键问题,包括:随机容量的影响、均衡模型的建立以及模型求解算法的研究。

2.4.1.1 随机容量的影响

确定可用来分配的时隙数量是进行时隙分配的前提,也是实现有效性的基础。虽然容量决定时隙数量,但是机场容量极易受到天气等因素影响而呈现随机性,使得确定可用来分配的时隙数量变得困难。

确定型模型虽然简单,但是忽略了容量的随机性。随机型模型根据存在的容量样本以及相应的概率,计算出每一个时间段的计划的机场接收率(Planned Airport Arrival Rate,PAAR),即可用来分配的时隙数量。但是现有的研究都是假设容量样本以及相应的概率是已知的,缺乏科学依据,且计算量较大。在美国、欧洲和日本的流量管理应用系统中,一般是流量管理人员根据历史数据、自身的知识和经验来确定时隙数量,这就不可避免地存在人为误差。因此,无论从理论上还是从实践上来说,随机容量的影响是需要进一步研究的重要问题。

2.4.1.2 均衡模型的建立

时隙分配是一种资源配置问题,所以必定会涉及分配的效率性和公平性。效率性是通过流量管理部门和航空公司的决策目标来体现的,流量管理部门的决策目标是从整体上保证总延误时间或延误成本最少,航空公司的决策目标则是多种多样,所以时隙分配的效率性有待进一步的研究。对于公平性,并没有统一的认识,有些学者认为公平性在于按照航班的某种优先级别分配时隙,有些学者则认为公平性在于平均分配延误时间或者延误成本,因此时隙分配的公平性需要进一步进行深入分析。

效率与公平常是一对矛盾,一个方面的性能提升可能伴随着另一个方面的性能下降,很难同时使两个方面的性能都达到最优。早期集权式的时隙分配模型都侧重于效率性,很少考虑公平性。随着 CDM 研究的深入,分布式分配模型重点研究公平性的实现。因此,在时隙分配过程中,使效率性和公平性达到某种程度的均衡,建立基于效率与公平的均衡模型成为研究的一个关键问题。

2.4.1.3　模型求解算法的研究

建立模型后需要对模型进行求解,这就必然涉及模型求解算法。时隙分配模型是以线性规划为基础的优化模型,由于实际问题中要处理大量的航班,传统的线性规划方法,如爬山法、梯度下降法等求解大规模的线性规划模型时,在计算量上存在"维数危机",难以解决实时的问题。为了克服该缺陷,很多学者针对建立的模型提出了启发式算法,虽然加快了模型求解速度,但是属于近似算法,往往无法得到最优解。近年来随着人工智能在优化领域的研究与应用越发成熟,神经网络算法、遗传算法、人工鱼群算法以及模糊推理算法等智能算法被用来求解 GHP 模型,取得了较好的效果。进一步加强模型求解算法的研究,加快算法的收敛速度,使之更加适用于解决实际问题,这也是一个研究重点。

2.4.2　时隙分配的发展方向

通过对现有模型与算法的剖析发现,在今后 GHP 的时隙分配问题研究中,需要进一步加强和发展以下几个方面。

2.4.2.1　模型自身的完善

目前研究的模型自身还存在一些问题,包括需求不确定性影响和航空公司决策目标影响,需要进一步深入与完善。

(1)需求不确定性影响

在时隙分配问题中,不仅仅容量存在随机性,航班需求也存在不确定性。不确定的需求包括航班取消(Cancellation)、航班不在计划内(Pop-up)和航班偏离(Drift)三种。针对航班取消状况,现有的模型与算法已经能够很好地解决。不在计划内的航班主要指通航、军航等,目前处理不在计划内的航班的方法是从机场时隙中预留一部分时隙给不在计划内的航班,其余的时隙分配给计划航班。偏离的航班指没有按照分配的时隙起飞或者着陆的航班,目前采用 FCFS 算法对偏离的航班进行简单处理。目前的研究以航班时刻表上的航班为主体,在此基础上考虑了航班取消的影响,而对不在计划内的和偏离的航班的影响尚未进行深入研究,因此需要加强这方面的研究。

(2)航空公司决策目标影响

航空公司的决策目标直接决定其效率性,同时也与公平性紧密联系。在 CDM GHP 中,时隙分配结果是否公平,体现在是否满足航空公司的决策目标上。现有模型与算法的研究重点依然放在减少延误时间和延误成本上,而航空公司往往更加关注与自身利益紧密相连的决策目标,因此需要对航空公司决策目标展开研究。

2.4.2.2 新理论的应用研究

时隙分配是一种资源配置问题,传统的方法是利用优化理论建立线性规划模型。随着时隙分配问题研究的进一步深入,也可以研究利用以下的新理论来解决时隙分配问题。

(1)双层优化理论

在时隙分配问题中,各家航空公司有着各自的决策目标,它们的目标很可能是不同的;而流量管理部门既要保证安全性和整体利益的实现,又要考虑到各家航空公司的利益。流量管理部门根据自身的决策目标对航空公司的决策进行调控,而航空公司的决策也会对流量管理部门的决策产生影响,它们之间具有一种制约和影响的主从关系。双层优化理论非常适合解决具有主从结构的多人决策问题,这是一个新的研究方向。

(2)多目标优化理论

航空公司的决策目标是多种多样的,如航班正点率、旅客延误时间等。由于多个目标之间是相互约束、相互排斥的,各目标不能同时达到各自的最优值。此外,各目标之间没有共同的度量标准,具有不同的量纲,无法进行定量比较。多目标优化问题一般得到一组帕累托最优解集(Pareto Optimal Solutions),在帕累托解集中,无法比较各个解相互之间的优劣性。流量管理部门可以从帕累托解集中选择分配结果,以此来体现公平性。针对航空公司决策目标,利用多目标优化理论寻求时隙分配的帕累托最优解集也是一个研究方向。

(3)博弈理论

Vossen 和 Ball 在其研究中提出了一种新的分配机制:基于市场机制的时隙交换和交易。时隙交换就是用时隙交换时隙,并不涉及货币转移;而时隙交易除用时隙交换时隙之外,还涉及货币转移。例如,航空公司 A 用时隙 1 换取航空公司 B 的时隙 2,再支付给 B 一定数量的货币。事实上,无论是采取时隙交换还是交易,各家航空公司都在竞争有限的时隙资源,它们决定放弃哪些时隙,换取哪些时隙,这不仅取决于本公司的利益需求,还受到其他航空公司决策的影响,这是一个博弈的过程,博弈理论可以很好地指导这一决策过程。因此,博弈理论在时隙分配问题中的应用也是一个研究方向。

2.4.2.3 基于起降容量、多元受限协同优化模型研究

时隙分配模型最基础的是容量受限元只有跑道,且只考虑降落容量受限。但是在大多数机场,跑道的起降容量是相互影响和制约的;而且容量受限元不仅有跑道,还有定位点、航路、扇区等。目前国内外的研究中虽然涵盖了起降容量协同优化、多元受限状况,但是在这些研究中建立的模型都是集权式分配模型,仅仅考虑效率性,而没有考虑公平性。因此,针对起降容量、多元受限的协同优化情况,研究效率性与公平性均衡模型也将是一个研究方向。

2.4.2.4 新形势下的时隙分配机制和方法研究

2014 年,国际民用航空组织发布了《协同式空中交通流量管理手册》(第二版)(Doc 9971),以指导各缔约国和地区的流量管理工作。国际民用航空组织亚太地区构建航行规划和实施小组会议强化了在亚太地区构建地区性流量管理框架的发展策略。国际民用航空组织亚太地区无缝空管计划对流量管理工作进行了分解,并给出了建议。

2012 年,国际民用航空组织在《全球空中航行容量与效率计划》(Doc 9750)中正式推出了酝酿已久的"航空系统组块升级"(ASBU),并于 2012 年 11 月召开第 12 届全球航行大会上审议通过,作为 2013—2028 年全球空中航行发展的战略规划。最初,ASBU 涵盖四大性能改进领域(Performance Improvement Area,PIA),包括机场性能领域、全球互用的系统和数据领域、优化容量和灵活飞行领域、高效的飞行航迹领域。2022 年,ASBU 架构进行了变革,按照技术类、信息类和运行类三类引线进行组织。基于航迹的运行(TBO)、间隔自主保持、动态尾流间隔、遥控驾驶航空器等一系列航行新技术,必将带来空中交通管理运行方式的重大变革,也必将深深地影响流量管理。

因此,无论是在政策层面,还是在技术层面,空中交通流量管理都面临诸多挑战。新形势下的时隙分配机制和方法急需进一步研究。

第3章

时隙分配的概念与属性研究

时隙分配过程涉及的主要概念包括时隙、时隙分配,属性包括有效性、效率性和公平性。本章旨在明确相关概念,详细阐述时隙分配的三个重要属性,为接下来的时隙分配模型与算法研究奠定基础。

3.1 时隙

3.1.1 概念

现有的研究大多数直接使用"时隙"(Slot)这一概念,但是很少对"时隙"的概念做出具体的说明。欧洲 95/93 号规则(European Regulation 95/93)将机场时隙定义为根据规则所赋予用户的一种许可(Permission),有了这个许可,用户就可以在某个具体的日期和时间,使用一系列必要的机场设施来完成起飞和着陆。周茜、张学军等认为时隙是根据相应的规定,某天某个机场可以提供给航班的可用预定起飞或降落时间。

也可以认为时隙实际上就是一架次航班完成某种操作的时间段,时隙可以用开始时间、结束时间以及持续时间来表示。如图 3.1 所示,时隙 1 的 1:00—1:04 表示该时隙的开始时间为 1:00,结束时间为 1:04,在持续的 4 min 的时间段内,航班可以完成某种操作,如起飞或着陆。

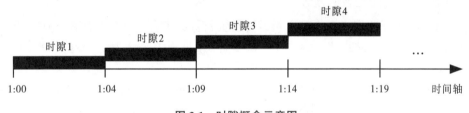

图 3.1　时隙概念示意图

3.1.2　状态

时隙具有空闲(Open)、释放(Release)、占用(Filled)以及保持(Hold)四种状态,每一种状态所允许采取的操作是不一样的。

(1)空闲状态。该时隙不属于任何航空公司且未被分配,可以分配给任意一个可使用该时隙的航班。

(2)释放状态。该时隙属于某家航空公司且未被分配,该航空公司期望把该时隙分配给本公司的航班。

(3)占用状态。该时隙属于某家航空公司,且已经分配给了该航空公司的某架次航班。

(4)保持状态。该时隙属于某家航空公司,不允许分配给任何航班。

一般来说,只有当时隙处于空闲或者释放状态时才可以对其进行分配,分配后的时隙状态变为占用状态。当航空公司不想参与时隙的交换和交易过程时,才会将时隙状态设置为保持状态。

在 GHP 中主要研究起飞和着陆时隙的分配。通常用时隙的开始时间来表示起飞或着陆时间。着陆时间是在起飞时刻的基础上加上空中飞行时间所对应的时刻,而空中飞行时间是根据航线实际距离和飞机平均速度推算出来的,确定了着陆时间就可以反向推导出起飞时间,所以本书着重研究着陆时隙的分配问题。

3.2

时隙分配

由于时隙与容量紧密联系,而当机场容量不能满足流量需求时,时隙就会成为一种稀缺资源,导致航班或者航空公司对时隙资源的竞争,从而产生时隙分配问题。本节从概念、方式和属性三个方面来阐述时隙分配。

3.2.1　概念

时隙分配是一种特殊的资源配置,本小节从资源配置的概念出发,进而引申出时隙分配的概念。

3.2.1.1 资源配置的概念

《辞海》将资源定义为生产资料或生活资料等的来源。在《新华字典》中,资源被解释为物资、动力的天然来源。《经济学解说》将资源定义为生产过程中所使用的投入。

赵如林在《市场经济学大辞典》中将资源配置解释为经济中的各种资源,包括人力、物力、财力在各种不同的使用方向之间的分配。张建伍在《宏观劳动力配置》中提出资源配置是指如何把有限的人力、物力、财力等资源,按照一定的方式或依靠某种机制,合理地分配到不同的部门、地区以及企业,使它们在生产过程中得到最有效的利用,达到最大限度地促进社会财富增长的目的。

资源配置可以分为两个层次。较高的层次是指资源如何分配到不同部门、不同地区、不同生产单位,其合理性反映于如何使每一种资源能够有效地配置于最适宜的使用方面。较低的层次是指在资源分配既定的条件下,一个生产单位、一个地区、一个部门如何组织并利用这些资源,其合理性反映于如何有效地利用它们,使之发挥尽可能大的作用。

然而,无论是从较高的层次还是较低的层次上看,资源配置的合理化的体现都需要一个长期的过程。资源配置的合理程度没有一个绝对的标准,资源配置的合理化也不会有一个极限。只能通过较高的层次或较低的层次的调节或改革,判断资源配置状况是不是较以前更合理了、与过去相比是不是有所改善或改善了多少等。

3.2.1.2 时隙分配的概念

结合资源配置的概念,时隙分配可理解为:在满足机场容量限制的条件下,在不同的航空公司和不同等级的航班之间,按照一定的方式或依靠某种机制合理分配机场时隙资源,从而达到时隙的优化配置。图 3.2 显示的是时隙分配的一种分配结果,其中,航班 A1 代表航空公司 A 的第一架次航班,其余依此类推。

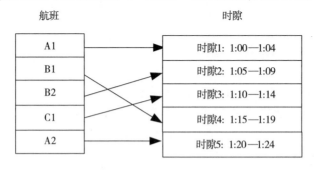

图 3.2　时隙分配的一种分配结果

3.2.2　方式

在时隙分配过程中,根据航空公司和流量管理部门参与决策及管理集中程度的不同,可以将时隙分配分为集权式和分布式两种分配方式。

(1)集权式分配方式

在该分配方式下,流量管理部门作为唯一的决策者,独自做出所有分配决策,航空公司对时隙只有使用权,没有管理权,只能完全遵照执行。流量管理部门决策的出发点是保障安全,提高时隙资源利用率,在此基础上从整体上尽可能减少延误损失。

(2)分布式分配方式

在该分配方式下,航空公司参与了决策过程,对时隙具有一定的管理权,可根据本公司的决策目标,通过时隙交换和时隙交易等手段,调整本公司的航班时隙分配方案,流量管理部门在对空中交通整体态势进行评估后评定,即同意或者拒绝。航空公司的决策基础是满足公司自身的利益需求,但是航空公司不能完全无约束地自主决策,流量管理部门还要从整体上进行指导和监督。

在 ICAO 提出的新航行系统中,航班飞行将由完全受管制方式向自由飞行方式过渡,但是以我国目前的航空发展水平,达到自由飞行这一程度还需要较长一段时间,不可能一蹴而就。所以本书只研究在流量管理部门的监督和管理下的集权式分配方式以及有限制的分布式分配方式。若没有特殊说明,本书所提到的分布式分配都属于这种有限制的分布式分配。

3.2.3　属性

张洪海、胡明华提出时隙分配包括三个属性:有效性(Effectiveness)、公平性(Equity)和效率性(Efficiency)。其中,有效性是约束条件,公平性是分配标准,效率性是分配目标。对于 n 架次航班和 n 个时隙来说,理论上共有 $n!$ 种分配结果,但是绝大多数的结果是不可行或不可接受的。时隙分配的结果应该能够在实现有效性的基础上达到效率性和公平性的均衡。有效性、效率性和公平性的关系如图3.3所示。

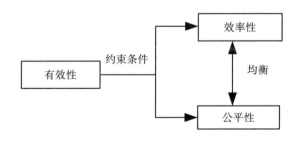

图3.3　有效性、效率性和公平性的关系

有学者在集权式分配方式下提出了时隙分配的这三个属性,但是并没有对这些属性进行深入研究,本书接下来将详细分析时隙分配的有效性、效率性和公平性。

3.3

有效性

本节从概念、含义、原则和数学描述四个方面阐述时隙分配的有效性。

3.3.1 概念

有效性是个相当宽泛的概念,因此讨论有效性概念的时候不能脱离具体的应用背景。根据张洪海、胡明华的观点,时隙分配的有效性可理解为:每一架候选航班有且仅有一个着陆时隙,且该时隙在其可用时隙集合中;每一个时隙最多分配给一架候选航班。

3.3.2 含义

从时隙分配的概念可以看出有效性包含以下三层含义。

(1)确定候选航班。从理论上讲,候选航班是指在拥挤时间段内,预计在拥挤机场着陆的所有航班。这些航班中,一部分是航班时刻表公布的计划航班,可大体上预先获知这些航班的预计起降时间、是否取消等信息;另一部分是无法提前获取准确信息的特殊航班,例如军航、通航等飞行活动。若没有特殊说明,本书只考虑计划航班的时隙分配问题。

(2)确定时隙数量。时隙数量在很大程度上取决于机场在拥挤时间段的容量,因此首先需要知道容量的大小,然后将容量等长度划分为若干个时隙。例如,容量为 30 架次/h,则表示 1 h 内有 30 个时隙,每个时隙长度为 2 min。

(3)每一架次航班必定分配到一个着陆时隙;未必每一个时隙都能分配出去,没有分配出去的时隙处于空闲状态。

3.3.3 原则

时隙分配有效性的原则包括可用原则和完整原则。

(1)可用原则,指分配给航班的时隙的开始时间不能早于航班最早可用的时间。

(2)完整原则,指时隙长度应该能够满足航班完成着陆操作所需的最小安全间隔时间。

3.3.4 数学描述

用 f_i 表示航班集合 F 中的任意一架次航班;o_i 表示航班 f_i 最早可用时隙的开始时间;s_j 表示时隙集合 S 中任意一个时隙;t_j 表示时隙 s_j 的开始时间;e_j 表示时隙 s_j 的结束时间;S_{f_i} 表示航班 f_i 可用时隙集合;当 f_i 分配到 s_j 时,$x_{ij} = 1$,否则 $x_{ij} = 0$。

假设在时间区间 $[T_1, T_2]$ 上,共有 n 个时隙,每个时隙的长度为 l,则有效性可用式(3.1)~式(3.5)来描述:

$$l = e_i - t_i \ , \ \forall f_i \in F \tag{3.1}$$

$$n \times l = T_2 - T_1 \tag{3.2}$$

$$S_{f_i} = \{ s_j | t_j \geqslant o_i \} \ , \ \forall f_i \in F \tag{3.3}$$

$$\sum_{s_j \in S_{f_i}} x_{ij} = 1 \ , \ \forall f_i \in F \tag{3.4}$$

$$\sum_{f_i \in F} x_{ij} \leqslant 1 \ , \ \forall s_j \in S \tag{3.5}$$

在非繁忙时间区间,由于计划着陆的航班架次往往小于可用的时隙数量,每架次航班都能够分配到一个着陆时隙,但是每一个时隙未必都能分配出去,所以式(3.5)的不等号成立。在繁忙时间区间,由于计划着陆的航班架次超过了可用的时隙数量,每一个时隙都能分配出去,但只有部分航班能够分配到时隙,所以式(3.5)的等号是可能成立的,在当前时间区间 $[T_1, T_2]$ 无法着陆的航班则会顺延到下一个时间区间来分配。

3.4

效率性

本节首先分析了经济学中的效率性,然后引申出时隙分配的效率性。

3.4.1　经济学中的效率性

在西方经济学中,效率是指资源的有效配置,即实现帕累托最优(Pareto Optimum)。意大利经济学家维弗雷多·帕累托(Vilfredo Pareto)在关于经济效率和收入分配的研究中提出了帕累托最优这个概念。现代西方经济学对帕累托最优主要有两种解释:一种解释是已经没有任何方法重新组织生产和分配来增进每个人的满足的状态;另一种解释是任何改变都不可能使一个人的境况变好而不使他人的境况变坏的状态。

我国经济学界对效率的论述中,具有代表性的当数厉以宁在《经济学的伦理问题》中的论述。他提出"效率是一个经济学范畴,这是指资源的有效使用与有效配置",并对如何做到高效率和低效率进行了论述。

综上所述,无论西方还是我国经济学界,对效率性的论述都有一个共同之处,就是把效率性表述为资源配置。这一概念很好地体现了时隙资源分配对于效率性的要求。

3.4.2　时隙分配的效率性

本小节从概念和数学描述两个方面来阐述时隙分配的效率性。

3.4.2.1　概念

时隙分配的效率性并不能用一个简单的定义来描述,应该从流量管理部门和

航空公司两个方面来解释:

(1)对流量管理部门来说,其效率性在于在保证安全的前提下,尽可能从整体上减少延误损失,充分利用机场时隙资源,提高机场吞吐量。因此,集权式分配中的效率性可大致从对象和目标两个方面来考虑:分配的对象可以是航班,也可以是航空公司;分配的目标可以是减少延误时间,也可以是减少延误成本。可见,不同的对象和目标组合所产生的效率性是不一样的。

(2)对航空公司来说,其效率性在于满足本公司的决策目标,从而达到最大利益。航空公司的决策目标既可以与流量管理部门的目标一致,也可以不一致,如提高航班准点率等目标。不同航空公司追求的效率性往往也不尽相同,采用分布式分配方式更适宜体现航空公司的决策目标。

3.4.2.2 数学描述

用 d_i 表示航班 f_i 的延误时间, a_i 表示航班 f_i 的单位时间延误成本(延误成本系数), $v(a)$ 表示航空公司 a 的利益。时隙分配的效率性可用式(3.6)和式(3.7)来描述:

$$\min \sum_{f_i \in F} a_i d_i \tag{3.6}$$

$$\max \sum_a v(a) \tag{3.7}$$

其中,式(3.6)表示最小化所有航班的延误成本或延误时间($a_i = 1$),是集权式分配中最常用的效率表达式。式(3.7)表示最大化航空公司的利益, $v(a)$ 的计算要根据具体的决策目标而定,更适用于分布式分配。本书中的时隙分配的效率性都是以这两个数学表达式为基础的。

3.5
公平性

相对于有效性和效率性来说,公平性是一个内涵丰富的、最能引起争议的且较为模糊的概念。不同的用户从各自利益出发对公平性的理解都不相同甚至相反。任何一种公平都是相对的公平,不可能是绝对的公平。本节首先分析经济学、数学领域对资源分配公平性的理解,然后引出时隙分配的公平性。

3.5.1 经济学中的公平性

在经济学领域,人们对资源分配公平性的理解并不是完全统一的。于良春将公平性定义为一定社会中利益或权利分配的合理化。亚当斯将公平性定义为一种自身的付出与得到、努力与结果之间的纵向和横向比较。高鸿业指出公平性是收入更加平等的分配。厉以宁则认为公平性是收集或获取财富的机会的均等。

3.5.2　数学中的公平性

数学界对资源分配公平性的理解有以下几种：

（1）平均分配。在各使用者之间平均分配资源。这是最简单、最直观的分配方法，但是往往过于理想化，在解决实际问题时存在很多限制。

（2）按优先级分配。根据使用者的优先级别分配资源，优先级别高的使用者优先分配资源。

（3）按比例分配。根据使用者做出的贡献比例分配资源。对于"贡献"的理解不同，所获得的分配结果自然也不同。

（4）帕累托最优分配。帕累托最优是指资源配置的一种理想状态，使一个使用者的利益增加必定导致另一个使用者的利益减少。严格来讲，帕累托最优理论是效率最大理论而不是公平理论，但是它能通过保证使用者最终满意他们获得的资源来体现一定程度的公平性。

3.5.3　时隙分配的公平性

时隙分配的公平性研究是时隙分配的一个难点，特别是在 CDM GHP 中，公平性是时隙分配的一个重要研究内容。本小节从概念、原则、评价和数学描述四个方面来分析时隙分配的公平性。

3.5.3.1　概念

航空无线电技术委员会（Radio Technical Commission for Aeronautics, RTCA）对有限资源公平分配的建议是"no single user should be unduly penalized"。基于此，时隙分配的公平性可理解为：在有限的时隙资源条件下，任何航空公司都不能被不适当惩罚，分配过程和分配结果能被流量管理部门和各家航空公司所接受。至于什么叫作"不适当惩罚"，什么样的结果能被"接受"，这就需要综合考虑相应的效率性和公平性因素。

3.5.3.2　原则

公平性原则是对时隙分配公平性进行评价的基础。以数学中的公平性为基础，针对时隙分配具体应用背景，时隙分配公平性原则包括平均原则、优先权原则、比例原则和帕累托最优原则。

（1）平均原则。总延误时间或总延误成本在各架次航班或者各家航空公司之间平均分配。只有在把各架次航班或者各家航空公司看作无差别的个体的前提下，才有可能满足这一原则，因而在实际应用中存在很严格的限制。

（2）优先权原则。按照航班的某种优先级别分配时隙。优先级别的划分标准多种多样，可以按照预计着陆时间的先后顺序划分，也可按照航班的机型等划分。不同的优先级标准对应的分配结果很可能是不同的，所以在应用该原则时需要具体指明所采用的优先级标准。

（3）比例原则。每家航空公司所分配到的时隙数量与总的时隙数量的比例应该等于该公司计划着陆的航班数量与总的计划着陆航班数量的比例。也就是说，在所研究的时间区间内，航空公司有多少计划着陆的航班就应该分配到多少时隙。事实上，有效性要求每一架次航班都能分配到一个时隙，这也就间接满足了比例原则。

(4)帕累托最优原则。在集权式分配方式下，由于流量管理部门很难评估航空公司的利益是否增加或减少，只有当所有航空公司的决策目标与流量管理部门的决策目标一致时，如减少延误时间或延误成本，才有可能实现帕累托最优分配，否则帕累托最优是难以实现的。在分布式分配方式下，却可以加强航空公司自身决策能力，通过在市场机制下时隙的交换和交易来实现帕累托最优。在这一过程中，流量管理部门需要对市场机制加以约束，不然会导致市场的混乱和垄断。

3.5.3.3 评价

时隙分配结果往往不能同时满足上述几种公平性原则，因此在评价时隙分配的公平性时，必须事先确定在何种原则的指导下进行分配，然后分析分配过程或结果是否符合该原则，若符合则认为是公平的，否则认为是不公平的。

在集权式分配方式下，流量管理部门无法准确获得航空公司的决策信息，因而此时主要分析分配结果是否满足平均原则；在分布式分配方式下，由于各航空公司参与了时隙分配过程，能够明显体现其自身的决策目标，因而此时主要分析分配过程和结果是否满足帕累托最优原则。在集权式和分布式分配方式下都需要遵循优先权原则和比例原则。

3.5.3.4 数学描述

平均原则、优先权原则、比例原则和帕累托最优原则都是从理论上来分析时隙分配的公平性，但是在实际应用时难以完全实现。一方面要保证效率性的实现，必然会损失一定的公平性；另一方面有效性的实现也会影响公平性，如航班不能分配到比最早可用时隙还要早的时隙。因此，在实际应用时，应该寻求与理论最优结果差距较小的分配结果。

用 $f^*(x)$ 表示理论上公平分配结果，$f(x)$ 表示实际分配结果，时隙分配的公平性应该使 $f(x)$ 尽可能接近 $f^*(x)$，可用式(3.8)来描述：

$$\min \| f(x) - f^*(x) \| \tag{3.8}$$

3.6

公平与效率的关系

3.6.1 效率优先论

坚持这种观点的西方学者主要是以哈耶克为代表的新自由主义经济学派。经济自由主义各流派强调市场机制在经济增长中配置资源的重要性，把与市场作用相联系的效率作为优先的政策目标,反对政府通过行政干预再分配保持收入均等化的政策,即反对利用国民收入的再分配来人为制造公平,认为这是对社会经济发展的最大损害;主张国家运用立法手段创造自由竞争的条件,保证人人获得私有财产的公平机会,从而促进经济效率的提高。他们主张在处理公平与效率之间的关系上应当效率优先,在此基础上,考虑和保证公平。

效率优先论的弊端在于:只考虑如何实现效率的最大化,即财富总量的增加,而不关心财富是否普遍合理分配;只考虑规则平等、机会均等,而不关心结果是否公平。因此,如果仅强调效率而忽视对公平的关注,不公平的现象就会成为经济发展的制约因素,从而缺乏效率的环境保障。

3.6.2　公平优先论

坚持这种观点的西方学者以国家干预学派、新古典综合派、新剑桥学派以及福利经济学派为代表。他们强调财产和收入的不平等必然引起资源配置的失调,以及经济运行机制的混乱,使得经济缺乏效率,主张通过国家干预实现收入分配的均等化。

公平优先论的弊端在于:试图在国家的主导下运用行政手段实现绝对的结果公平,要求社会财富或福利的分配无条件均等化,否定由财产等因素所决定的个人收入差别的正当性。按照公平优先论,只要实现公平,就能调动所有劳动者的积极性和主动性,创造更高的生产率。然而实践证明,与公平至上论相伴随的只能是低效率、平均主义、乌托邦的幻想和社会发展的停滞与倒退。

3.6.3　公平与效率兼顾论

坚持这种观点的西方学者在西方学者中占有较大的比例。他们希望找到一种既能保持市场机制的益处,又能抑制市场自发运行带来的弊端,消除收入悬殊的途径。他们把效率与公平结合起来,既考虑资源的合理配置,又考虑收入的公平分配,认为收入分配完全平等和收入分配悬殊都不好,都会对生产产生不利影响。

将上述经济学理论应用于时隙分配领域,需要考虑一些约束条件。首先经济学中公平与效率的应用对象是收入的分配,总收入随经济的发展而增加;这使得分配的资源是变化的,而且是递增变化的。在时隙分配问题中,机场容量和时隙资源的总量在长期看来是定量,没有一个城市会无限制地增加机场跑道来解决空中交通拥堵问题,这就导致交通系统中分配的资源是定量的,对定量资源的分配,如果仅仅以效率为目标进行分配,可能会导致不公平。这样的结果显然是不理想的。

我国现有的时隙分配采用的是 FCFS 方法,本质上是效率优先,没有考虑航空公司之间的公平。效率与公平是一对矛盾,一个方面的性能增加必然伴随着另一个方面的性能下降,不可能同时使两个方面的性能都达到最优。在应用过程中也必须在这两个方面进行权衡。

第4章

基于容量样本聚类的
有效时隙研究

时隙数量与容量息息相关,根据容量即可知时隙数量。本章首先阐述容量与时隙数量的关系,明确容量样本聚类的相关概念;接着通过容量样本的聚类获得多个随机的典型容量值,然后利用样本概率和空地费用比之间的关系计算有效容量,从而确定有效时隙数量;最后进行算例分析。

4.1
容量样本聚类的相关概念

4.1.1 容量与时隙数量的关系

根据国际民用航空组织的定义,容量是指定空域和机场在一段特定时间内能够接收的最多数量的航空器架次。时隙的数量与能够接收的航空器架次紧密联系,所以说容量决定时隙数量。容量可分为确定型和随机型两种。当容量是确定型时,很容易确定时隙数量。例如某 1 h 时间段的容量为 30 架次,则在该小时内有 30 个时隙,每个时隙长度为 2 min。当容量是随机型时,则需要通过计算随机型 GHP 模型,将随机型容量转化成确定型容量,进而确定时隙数量。

本书从容量样本历史数据出发,通过一系列的计算确定有效时隙。其具体过程如下:从大量的容量样本历史数据中通过容量样本的聚类得到少量的典型容量样本;通过分析每个时间段上的典型容量样本构造典型容量样本树;在此基础上,计算某个时间段的典型容量值,利用某种方法确定有效容量与有效时隙。由于历史数据中每个容量样本都已经考虑了安全间隔问题,即时隙长度问题,所以聚类产生的时隙都能够满足航班着陆的安全间隔要求。

在这一过程中,需要明确的相关概念主要包括容量样本、容量样本聚类、典型容量样本、典型容量样本树、典型容量值、有效容量与有效时隙。这些概念具有递进的关系,如图 4.1 所示。下面分别阐述这些概念。

图 4.1　相关概念的递进关系

4.1.2　容量样本

样本是总体中所抽取的一部分个体。其中,总体是指考察的对象的全体,个体是总体中的每一个考察的对象。

在本书中,将每一天的某个时间区间,按照某一时间间隔划分为若干个时间段,每一个时间段都对应着一个容量值,这样构成的一条记录就作为一个考察对象,即个体。研究时间范围(如一年)内的所有个体组成了总体。容量样本就是从这个总体中所抽取的一部分个体。图 4.2 显示的是(典型)容量样本的示意图。如容量样本 1 所示,将 8:00—22:00 的时间区间,以 30 min 为间隔划分为 28 个时间段,8:00—8:30 时间段的容量值为 5,说明在该容量样本中,在 8:00—8:30 这个时间段内可用时隙数量为 5 个,每个时隙长度为 6 min。

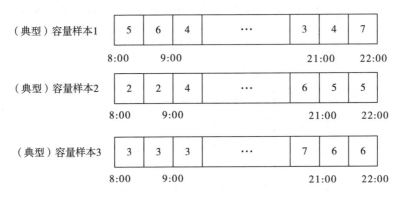

图 4.2　(典型)容量样本示意图

4.1.3　容量样本聚类

聚类是按照事物的某些属性的相似程度,将事物聚集成类的过程。聚类的目标是使类内的对象尽可能地相似,类间的对象尽可能地相异。

容量样本聚类是指将大量的容量样本的历史数据根据相似性分成多个类的过程。其目的是使属于同一个类别的容量样本数据之间的相似度尽可能大,以便作为一个整体来对待;而不同类别的容量样本数据之间的相似度尽可能小,以便区分。这里的相似度通常用欧几里得距离(亦称欧氏距离)表示。

4.1.4 典型容量样本

典型是指具有代表性。通过聚类算法得到的几类结果中,同一类的容量样本具有相似的变化趋势,都可用该类中的中心位置数据来代表,所以该中心位置数据具有代表性,就可看作这一类的典型容量样本。典型容量样本的示意图与容量样本的示意图相同,如图 4.2 所示。

4.1.5 典型容量样本树

在典型容量样本的基础上,按照一定的判别准则,判断各个典型容量样本是否分离,若分离则各自成为一个"树枝",若不分离则为同一个"树枝",这样所构造的"树"形图就是典型容量样本树。构造典型容量样本树的目的是判断在某个时间段内可能会出现哪几种典型容量样本,以满足动态 GHP 的需要,为下一步计算这一时间段的典型容量值做准备。

4.1.6 典型容量值

不同的典型容量样本,对整个时间区间来说肯定是不相同的,但是在同一个的时间段内所对应的容量值可能是相同的,这个容量值就是一个典型容量值。相同时间段对应的同一容量值看作一个典型容量值。

如图 4.2 所示,在 8:00—22:00 的时间段上,共有 3 个典型容量样本,假设 3 个典型容量样本的发生概率 p_1、p_2 和 p_3 各为 1/3。在 9:00—9:30 的时间段上,3 个典型容量样本对应的容量值分别是 4、4 和 3,根据典型容量值的定义,在该时间段上只有 2 个典型容量值,分别为 4 和 3,发生的概率分别为 $\frac{2}{3}$(p_1+p_2)和 $\frac{1}{3}p_3$。典型容量值的个数往往会小于典型容量样本的个数。

4.1.7 有效容量与有效时隙

针对某个时间段存在的多个典型容量值 $m_1, m_2, \cdots, m_q, \cdots, m_Q$ 及其相应的概率 $p_1, p_2, \cdots, p_q, \cdots, p_Q$,通常是利用随机型 GHP 模型来获得地面和空中延误最小的分配结果。当概率 p_q 和空地费用比 α' 满足一定条件时,按照 p_q 对应的典型容量值 m_q 计算确定型 GHP 模型,这与按照多个典型容量值 $m_1, m_2, \cdots, m_q, \cdots, m_Q$ 计算随机型 GHP 模型,获得的分配结果是相同的,这个典型容量值 m_q 称为有效容量。此时,就可以将多个随机的典型容量值转化成单个确定的有效容量,大大简化了计算量。具体转化方法将在 4.3 节详细阐述。

根据某时间段有效容量就能很容易确定时隙的数量,以及每个时隙的开始时间、结束时间和时隙长度,从而确定有效时隙。假设 1:00—1:30 时间段的有效容量值为 15,则可知有效时隙数量为 15 个,每个时隙的开始时间分别为 1:00、1:02、1:04 等,每个时隙的长度为 2 min。

4.2 聚类算法和聚类结果

Inniss 和 Ball 考虑了天气随机特性,建立了到达容量分布(Arrival Capacity Distribution,ACD)模型,并且针对旧金山机场研究了单个参数影响下容量样本的评估与预测方法,但是该方法适用于特定机场和特定的典型容量,需要预测典型容量开始时间、强度、结束时间等参数的组合,因而在实际应用中存在诸多限制。随后 Pei-Chen Barry Liu 等采用 K-means 聚类算法对机场一年的容量样本历史数据进行聚类分析,得到典型容量样本和相应的概率分布,给出典型容量样本分离的判别准则,构造典型容量样本树。K-means 算法在已知聚类数目和中心点的情况下,计算过程效率高,计算结果精确性高,但是该方法需要预先设定聚类数目 k ,且对初值十分敏感,往往初值的微小变化会导致不同的聚类结果。自组织映射神经网络(Self-Organization Maps,SOM)算法是一个无监督的学习模式,是通过模拟人脑对信号处理的特点而发展起来的一种人工神经网络,它仅仅根据容量样本数据间的相似性就能自动将数据分成不同的类别,但 SOM 不能提供精确的聚类中心等信息。

本小节将 K-means 算法和 SOM 算法结合,利用混合聚类算法从历史数据中聚类产生典型容量样本。首先介绍 K-means 算法和 SOM 算法,接着分析评价指标、选择原则,然后给出混合算法流程图,最后给出聚类结果。

4.2.1 聚类算法描述

本小节简要介绍 K-means 算法和 SOM 算法两种聚类算法的原理及步骤。

4.2.1.1 K-means 算法

K-means 算法是一种快速聚类算法。其原理如下:首先从原始数据中随机选取 K 个数据作为 k 类数据的中心,并给定相似度测量函数和聚类目标函数(聚类收敛准则);然后根据相似度测量函数计算各个数据与各个中心的距离,将各个数据归类到距离最近的那个类中;重新计算每个类的中心,直到准则函数收敛为止。最常用的相似度测量函数和聚类收敛准则分别是欧几里得距离和误差平方和准则函数。

假设有 N 个 n 维的数据组成样本空间 Ω , k 是 Ω 的分类数量,具体步骤如下:

(1)初始化操作。从 Ω 中随机选择 k 个数据,每个数据代表了一个类的初始中心,令 $I=1$, $J_c(0)=M$, M 为比较大的正数, $J_c(0)$ 为误差平方和准则初始值。

(2)对 Ω 中每个数据,根据式(4.1)计算其与各个类中心的欧几里得距离,然后将它分给距离最短的类。

$$d(x_i,c_k)=\Big[\sum_{j=1}^{n}(x_{ij}-c_{kj})\Big]^{1/2} \qquad (4.1)$$

其中,$x_i = (x_{i1}, \ldots, x_{in})$, $x_i \in \Omega$; $c_k = (c_{k1}, \ldots, c_{kn})$ 表示第 k 个分类的中心。

(3)重新计算每个类的中心,中心的计算要根据具体问题而定,本书采用求平均值的方法。

$$c_k = \frac{1}{N_k} \sum_{x_i \in \Omega_k} x_i \qquad (4.2)$$

其中,Ω_k 表示第 k 类样本集合;N_k 表示 Ω_k 中的样本数目。

(4)计算误差平方和准则函数

$$J_c(I) = \sum_{k=1}^{K} \sum_{i=1}^{N_k} \sum_{j=1}^{n} (x_{ij} - c_{kj})^2 \qquad (4.3)$$

(5)如果 $|J_c(I) - J_c(I-1)| < \varepsilon$, ε 为指定的较小的正数,准则函数收敛,算法停止;否则 $I = I+1$,转步骤(6)。其中,I 是指迭代的次数。

(6)判断是否达到最大迭代次数。若达到则停止,否则重复步骤(2)~(6)。

从上述步骤可以看出,该算法的初始中心是随机选取的,往往选择的初始中心不同会造成分类结果的很大差异,这也导致该算法容易陷入局部最优。另外,该算法需要不断地进行样本分类调整,不断地计算调整后的新的聚类中心,因此当数据量非常大时,算法的时间开销也是非常大的。最重要的是,该方法需要事先知道 k 的数值,但 k 值的确定一直是个难点。

4.2.1.2　SOM 算法

SOM 算法具有模拟大脑神经系统自组织特征映射的功能,是一种竞争式学习网络,自适应学习能力和鲁棒性强,能无监督地进行自组织学习。SOM 结构分为一维和二维两种,其区别主要在于输出层按一维阵列组织还是按二维平面组织,具体分别如图 4.3、图 4.4 所示。

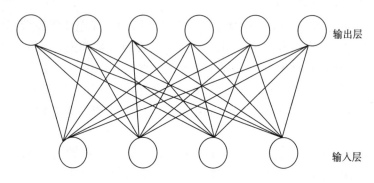

图 4.3　SOM 的一维网络结构

输出层按一维阵列组织是最简单的自组织神经网络,网络的输出层只标出各个神经元间的侧向连接。输出层按二维平面组织是 SOM 最典型的组织方式,该组织方式的形象更类似于大脑皮层,输出层的每个神经元同它周围的其他神经元侧向连接,排列成棋盘状平面。一般来说,二维平面组织结构具有更好的应用效果,本书采用二维平面组织结构。

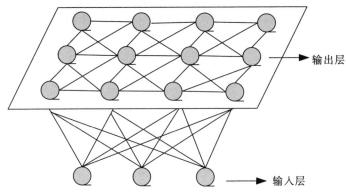

图4.4 SOM的二维网络结构

假设有 N 个 n 维的数据组成样本空间 Ω，$x_i = (x_{i1}, \cdots, x_{in})$，$x_i \in \Omega$，SOM算法步骤如下：

（1）连接权值初始化，为所有从输入节点到输出节点的连接权值 w_j 都赋以随机的小数。

（2）从 Ω 中按照顺序选择数据 x_i，计算 x_i 与所有的 w_j 的欧几里得距离。

（3）选择具有最小距离的神经元 N_c 为竞争获胜单元，其邻域为 $N_c(t)$。$N_c(t)$ 表示在 N_c 周围且需要调整权值的神经元集合。一般初始邻域 $N_c(0)$ 较大，训练过程中 $N_c(t)$ 随着训练时间的延长逐渐收缩。

（4）按照式（4.4）调整权值

$$\begin{cases} w_{ij}(t) = w_{ij}(t) + a'(t)(x_j - w_{ij}(t)), & i \in N_c(t) \\ w_{ij}(t) = w_{ij}(t), & i \notin N_c(t) \end{cases} \tag{4.4}$$

其中，$a'(t) \in (0,1)$ 是学习因子，随时间的延长而递减；$N_c(t)$ 随时间的延长而减小。

（5）不断重复步骤（2）～（4），达到最大迭代次数，网络权值收敛，网络训练结束。

（6）输入 Ω 中的样本，完成对样本的聚类。

由于用SOM算法得到的结果较为模糊，因此可将SOM稳态时的聚类节点数目和相应权重向量作为K-means算法的 k 值和初始中心，再进行一次细致的聚类。

4.2.2 聚类结果选择

聚类的结果是产生聚类数目 k 以及对应的 k 个聚类中心，一旦 k 确定了，聚类中心也就随之确定。但是，如何确定合适的聚类数目 k 一直是聚类算法的难点。本书通过尝试不同的 k 值得到了不同的聚类结果，利用评价指标作参考，根据应用的需要，按照一定的选择原则来选择合适的聚类数目及相应的聚类中心。下面对评价指标和选择原则进行介绍。

4.2.2.1 评价指标

用于评价聚类结果的统计量很多,针对确定的 k 值,常用的评价指标有 R^2 统计量和伪 F 统计量。

(1) R^2 统计量

$$R^2 = 1 - \frac{P_k}{T} \tag{4.5}$$

$$P_k = \sum_{k=1}^{K} \sum_{i=1}^{N_k} \sum_{j=1}^{n} (x_{ij} - c_{kj})^2 \tag{4.6}$$

$$T = \sum_{i=1}^{N} \sum_{j=1}^{n} (x_{ij} - x_{i+1,j})^2 \tag{4.7}$$

其中,N 为样本总数;N_k 表示每一类中的样本数目;n 表示样本的维数;P_k 为分类数为 k 时的总类内离差平方和;T 为所有变量的总离差平方和。R^2 越大,说明分为 k 类时每个类内的离差平方和比较小,也就是分为 k 类是合适的。显然,分类越多,P_k 越小,R^2 越大,所以我们需要的 k 值应使 R^2 足够大,但 k 本身比较小,而且 R^2 不再大幅度增加。

(2) 伪 F 统计量

$$F = \frac{(T - P_k)/(k - 1)}{P_k/(N - k)} \tag{4.8}$$

其中,N 为样本总数;其余参数与 R^2 统计量相同。如果分为 k 类合理,则类内离差平方和(分母)应该较小,类间平方和(分子)相对较大,所以应该取伪 F 统计量较大的值,而类数较小的聚类水平。

4.2.2.2 选择原则

没有最好的聚类结果,只有合适的聚类结果,聚类结果的最终落脚点是应用。因此,针对机场容量样本聚类的应用特点,在选取聚类结果时应考虑以下几个原则:

(1) 大致确定聚类数目 k 的取值范围,本书取 $[2,10]$。

(2) 按照 R^2 统计量评价聚类结果,选择 k 比较小且 R^2 不再大幅度增大时对应的聚类数目和相应的聚类中心。当对于不同的聚类结果,R^2 统计量相同时,则计算这些聚类结果的伪 F 统计量,从而确定合适的聚类数目和聚类结果。

(3) 聚类结果中,每一类的容量样本数目不少于 15 个。当某一类的容量样本数目太少时,就可以认为是"噪声",不能代表一类典型的容量样本。

4.2.3　算法流程图

根据聚类算法描述以及聚类结果评价原则,可以得到 K-means 和 SOM 混合聚类算法的流程,如图 4.5 所示。

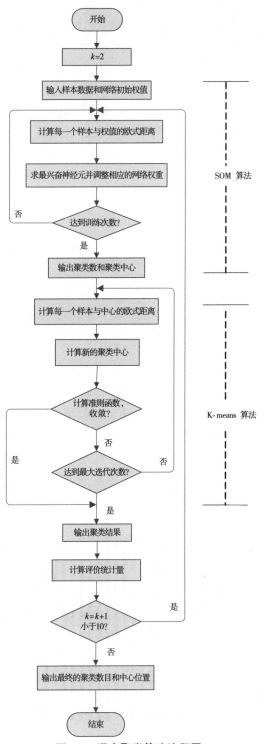

图4.5　混合聚类算法流程图

4.2.4 聚类结果

聚类的结果是产生了 k 个典型容量样本,在此基础上构造典型容量样本树,并计算典型容量值以及相应的出现概率。

4.2.4.1 典型容量样本

针对国内某机场 2008 年 1—6 月这半年的时间,将每天的 8:00—22:00,以 30 min 为间隔划分为 28 个时间段,每一时间段都对应着一个容量值,据此构造一天的容量样本,然后采用混合聚类算法产生典型容量样本。图 4.6 显示的是 R^2 统计量随聚类数 k 变化的趋势。

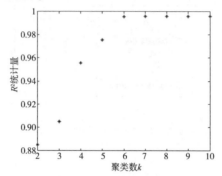

图 4.6 R^2 统计量随聚类数 k 变化的趋势

从图 4.6 可以看出,根据上文选择原则(1),本书取 $k \in [2, 10]$。R^2 统计量随着聚类数 k 的增加也在不断增加,但是当 $k \geq 6$ 时,R^2 统计量增加的幅度很小,根据选择原则(2),确定最优的聚类数目是 6。但是,由于有一个类内的样本数量少于 15 个,根据选择原则(3),最终分为 5 类典型容量样本,每一类典型容量样本产生的概率按照每一类中的容量样本数量与容量样本总数量的比值(N_k/N)确定。聚类产生的典型容量样本及相应概率如图 4.7 和图 4.8 所示。

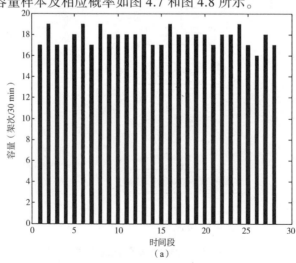

(a)

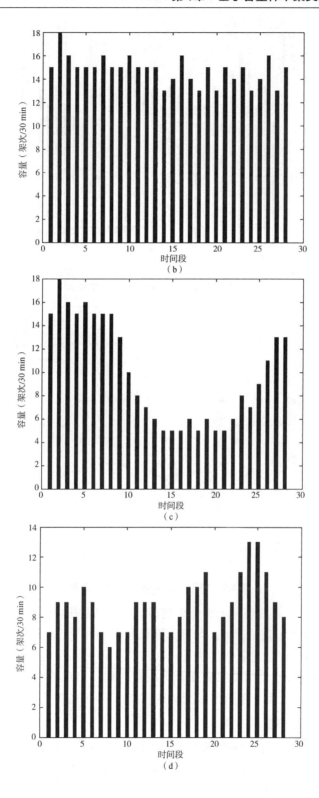

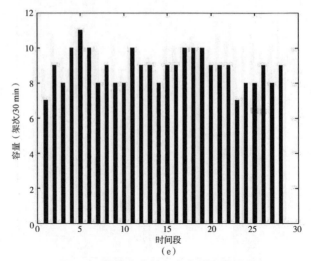

图 4.7　聚类产生的 5 类典型容量样本

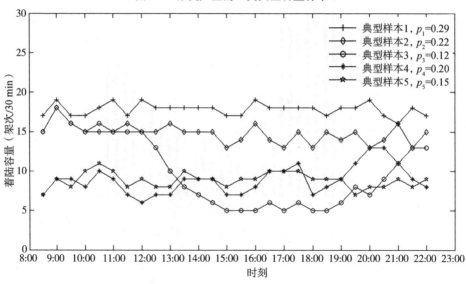

图 4.8　典型容量样本及相应的概率

至此,通过聚类算法获得了 5 个典型容量样本以及相应的概率,为静态随机型 GHP 模型求解提供了理论保障。与静态随机型模型相比,动态模型需要在每个决策时间段根据新的信息重新做出决策。在每个决策时间段内,并不是所有的典型容量样本都会出现,这就需要明确在每个决策时间段出现的典型容量样本以及相应的概率。为了满足动态随机型模型的这一要求,下面构造典型容量样本树。

4.2.4.2　典型容量样本树

确定每个决策时间段出现的典型容量样本以及相应的概率,关键在于对典型容量样本分离时间的判定。根据 Pei-Chen Barry Liu 给出的典型容量样本分离的判别准则:当某一容量样本连续 1 h(本书中为 2 个时间段)都不在其他样本的99%置信区间,则可认为该容量样本与其他样本分离,产生一个分支。遵循这一准则,在图4.8 的基础上判断各个典型容量样本是否分离,进而构造典型容量样本树,如图4.9 所示。

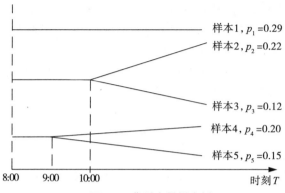

图 4.9　典型容量样本树

4.2.4.3　典型容量值

典型容量样本以及典型容量样本树不能直接应用于静态随机型 GHP 模型。在应用随机容量样本的时候,一般是希望知道在研究时间段内对应的容量值是多少,所以需要计算每个时间段内的典型容量值及对应的概率。

如图4.9 所示,在时间段 8:00—9:00,存在 5 个典型容量样本,但只有 3 种典型容量值。第一个典型容量对应典型容量样本 1;第二个典型容量值对应典型容量样本 2 和样本 3;第三个典型容量值对应典型容量样本 4 和样本 5。因此,可得在时间段 8:00—9:00 的 3 个典型容量值对应的出现概率分别为 $0.29p_1$、$0.34(p_2 + p_3)$ 以及 $0.35(p_4+p_5)$。这样就可以得到任意一个时间段内出现的典型容量值及相应的概率。

至此已经得到了多个典型容量值及相应的概率,下面确定有效时隙。

4.3

确定有效时隙

本节在静态随机型 GHP 模型的基础上,给出了总延误损失的一般公式;然后推导出有效容量的判定方法,从而确定有效时隙。

4.3.1　随机型 GHP 模型描述

对静态随机型模型做以下假设:

(1)机场的着陆容量是随机的,假设在考虑的时间段内,按照4.2 节的聚类方法得到 $m_1, m_2, \cdots, m_q, \cdots, m_Q$ 共 Q 个典型容量值,对应的出现概率分别为 p_1, $p_2, \cdots, p_q, \cdots, p_Q$,最终实际出现的是其中一个典型容量值 m_q。

（2）给定着陆航班队列 $f_1, f_2, \cdots, f_n$，以及对应的航班时刻表的到场时刻 $A_1 \leqslant A_2 \leqslant \cdots \leqslant A_n$，不考虑航班取消的影响。

（3）航班的空中飞行时间是确定和已知的。

（4）着陆机场是整个机场网络唯一的容量受限元。

（5）实际操作中，流量管理人员往往会人为地安排少量额外航班进行空中等待以增加跑道利用率。本书不考虑该情况，以尽可能减少空中延误。

建立静态随机型模型的目的是给每架次航班分配合理的地面延误和空中延误，使航班队列的地面等待和空中等待成本最小，即满足式(4.9)。

$$\min \sum_{i=1}^{n} c_g g_i + \sum_{q=1}^{Q} p_q \sum_{i=1}^{n} c_a w_{qi} \tag{4.9}$$

其中，n 表示航班数量；p_q 表示典型容量值 m_q 的出现概率；c_g、c_a 分别表示地面和空中单位时间的延误成本；g_i 表示航班 f_i 的地面延误时间；w_{qi} 表示在典型容量值 m_q 下航班 f_i 的空中延误时间。设 $\alpha' = c_a / c_g$ 为空地费用比，$G' = \sum_{i=1}^{n} g_i$ 表示航班队列总的地面延误时间；$w_q = \sum_{i=1}^{n} w_{qi}$ 表示在典型容量值 m_q 下的所有航班总的空中延误时间，这样式(4.9)可以简单地表示为

$$\min \left(G' + \alpha' \sum_{q=1}^{Q} p_q w_q \right) \tag{4.10}$$

其中，α' 和 p_q 都是已知的，G' 是决策变量，w_q 是辅助变量，一旦 G' 确定，w_q 也就随之确定了。

显然，式(4.10)的优化结果与 α' 和 p_q 存在密切关系。现有的绝大多数有关随机型 GHP 模型的文献分析了 α' 的影响：随着 α' 增大，G' 增大，w_q 减小。Thomas R. Willemain 和王来军在研究中证明：只有两个典型容量值时，不妨假设为 m_1 和 m_2，相应的出现概率分别为 p_1 和 p_2，且 p_1 对应的典型容量值较大，当 $\alpha' \times p_1 > 1$ 时，p_1 对应的典型容量值 m_1 就是有效容量，从而将两个典型容量值转化成了单个有效容量。

下面首先利用数学归纳法给出航班队列总延误成本的一般表达公式，然后研究将 2 个以上的典型容量样本值转化成单个有效容量的判定方法。

4.3.2　延误损失公式表达

假设存在 Q 个典型容量值，且 $m_1 > m_2 > \cdots > m_Q$。G_q 表示按照第 q 个典型容量值 m_q 给航班队列分配地面延误所得到的最优地面等待时间总和，满足 $G_1 \leqslant G_2 \leqslant \cdots \leqslant G_Q$，$p_1, p_2, \cdots, p_q, \cdots, p_Q$ 分别为对应的出现概率，且 $p_1 + \cdots + p_Q = 1$。c_{ij} 表示如果按照 m_j 分配延误时间，而最终实际的容量是 m_i，此时所有航班产生的地面和空中延误代价。例如，实际出现的是第 3 个典型容量值，如果按照容量样本 2 分配延误必然会出现空中延误（因为 $m_3 < m_2$），c_{32} 就表示该情况下的航班队列的地面和空中延误损失之和。C_j 表示按照 m_j 分配地面延误所产生的总延误代价，计算如下：

$$c_{ij} = \begin{cases} G_i, & G_j \leqslant G_i \\ G_i + \alpha' \times (G_j - G_i), & G_j > G_i \end{cases}$$

$$C_j = \sum_{i=1}^{Q} p_i \times c_{ij} \tag{4.11}$$

需要说明的是,在时隙分配过程中,按照任意一个典型容量值来分配延误时间,得到的整个航班队列的地面和空中总的延误时间是保持不变的,即 $G_1 + w_1 = G_2 + w_2 = \cdots = G_Q + w_Q$,这就是所谓的"总延误时间不变定理"。基于该定理可以得到:

$$\begin{aligned} C_1 &= p_1 \times c_{11} + p_2 \times c_{21} + \cdots + p_Q \times c_{Q1} \\ &= p_1 \times G_1 + \cdots + p_q \times [G_1 + \alpha' \times (G_q - G_1)] + \cdots + p_Q \times [G_1 + \alpha' \times (G_Q - G_1)] \\ &= G_1 + p_2 \times \alpha' \times (G_2 - G_1) + \cdots + p_Q \times \alpha' \times (G_Q - G_1) \end{aligned} \tag{4.12}$$

其中, $G_q - G_1$ 表示:当实际出现的容量是 m_q 时,如果按照 m_1 分配地面延误,航班队列产生的空中延误时间总和为 $G_q - G_1$。

以此类推,可以得到如果按照 m_q 分配地面延误,则航班队列在各种可能的典型容量值下产生的总延误损失表达式为

$$\begin{aligned} C_q &= p_1 \times c_{1q} + p_2 \times c_{2q} + \cdots + p_Q \times c_{Qq} \\ &= G_q + p_{q+1} \times \alpha' \times (G_{q+1} - G_q) + \cdots + p_Q \times \alpha' \times (G_Q - G_q) \\ &= G_q + \alpha' \times \sum_{k=q+1}^{Q} p_k \times (G_k - G_q) \end{aligned} \tag{4.13}$$

4.3.3　有效时隙判定方法

本小节在式(4.13)的基础上,推导出有效容量的判定方法,从而确定有效时隙。对于任意的 C_i 和 C_j, $1 \leqslant i, j \leqslant Q$,若 $C_i - C_j \leqslant 0$,即 C_i 最小,则说明按照 m_i 来分配延误时间能够使整个航班队列的总延误成本最少, m_i 就是有效容量。按照这一思路,下面分四种情况进行讨论:

(1)当 $i = j$ 时,显然此时 $C_i - C_j = 0$,易得 C_i 最小。

(2)当 $i < j$ 时,可知

$$\begin{aligned} C_i - C_j &= \left[G_i + \alpha' \times \sum_{q=i+1}^{Q} p_q \times (G_q - G_i) \right] - \left[G_j + \alpha' \times \sum_{q=j+1}^{Q} p_q \times (G_q - G_j) \right] \\ &= (G_i - G_j) + \alpha' \times \sum_{q=i+1}^{j} p_q \times (G_q - G_i) + \alpha' \times \sum_{q=j+1}^{Q} p_q \times (G_j - G_i) \\ &\leqslant (G_i - G_j) + \alpha' \times \sum_{q=i+1}^{j} p_q \times (G_j - G_i) + \alpha' \times \sum_{q=j+1}^{Q} p_q \times (G_j - G_i) \\ &= (G_j - G_i) \left(\sum_{q=i+1}^{Q} \alpha' \times p_q - 1 \right) \\ &\leqslant 0 \end{aligned} \tag{4.14}$$

因为 $G_i \leqslant G_j$,可得

$$\sum_{q=i+1}^{Q} \alpha' \times p_q \leqslant 1 \tag{4.15}$$

(3)当 $i>j$ 时,可知

$$
\begin{aligned}
C_i-C_j &= \Big[G_i+\alpha'\times\sum_{q=i+1}^{Q}p_q\times(G_q-G_i)\Big]-\Big[G_j+\alpha'\times\sum_{q=j+1}^{Q}p_q\times(G_q-G_j)\Big]\\
&\geq (G_i-G_j)+\alpha'\times\sum_{q=j+1}^{Q}p_q\times(G_j-G_i)=(G_i-G_j)\Big(1-\sum_{q=j+1}^{Q}\alpha'\times p_q\Big)\\
&\leq 0
\end{aligned} \tag{4.16}
$$

因为 $G_i\geq G_j$,可得

$$
\sum_{q=j+1}^{Q}\alpha'\times p_q\geq 1,\ 1\leq j\leq i-1 \tag{4.17}
$$

需要说明的是,式(4.17)是用下标 j 表示的,而期望用对应的下标 i 表示 C_i。由于 $1\leq j\leq i-1$,即 $j+1\leq i$,容易得到

$$
\sum_{q=i}^{Q}\alpha'\times p_q\geq 1 \tag{4.18}
$$

综合式(4.15)和式(4.18),可以得到 m_i 为有效容量的判别方法:

$$
\begin{cases}
\displaystyle\sum_{q=i}^{Q}\alpha'\times p_q\geq 1\\[2mm]
\displaystyle\sum_{q=i+1}^{Q}\alpha'\times p_q\leq 1
\end{cases} \tag{4.19}
$$

(4)当 $p_q=1/Q,1\leq q\leq Q$,且 $\alpha'=Q$ 时,实际问题中一般不会出现这样的情况,但作为理论研究需要考虑这样极端的情况,因而分析式(4.19)的鲁棒性。代入式(4.13)可得:

$$
\begin{aligned}
C_q &= G_q+\alpha'\times\sum_{k=q+1}^{Q}p_k\times(G_k-G_q)\\
&= \sum_{k=q+2}^{Q}(G_k-G_q)+G_{q+1}=C_{q+1}+\sum_{k=q+2}^{Q}(G_{q+1}-G_q)\\
&\geq C_{q+1}
\end{aligned} \tag{4.20}
$$

显然,C_q 是 q 的非增函数,在该条件下 C_Q 最小,又因为 $C_Q=C_{Q-1}$,因此有效容量为 m_{Q-1} 或者 m_Q。事实上通过式(4.19)可以确定 m_{Q-1} 为有效容量,这说明该情况也满足式(4.19),是式(4.19)的一种特例。

至此,可以按照式(4.19)从多个典型容量值中来确定有效容量,从而确定了这一时间段内有效时隙的数量和每个时隙长度。

4.4 算例分析

为了更好地说明式(4.19)的正确性,本节不采用4.2.4小节的聚类结果,而采用更具普遍意义的算例。以三个典型容量值为例,用表格的形式清晰表示分析过

程。假设第一个典型容量值 m_1 为 30 架次/h，第二个典型容量值 m_2 为 12 架次/h，第三个典型容量值 m_3 为 6 架次/h，对应每个时隙长度分别为 2 min、5 min 和 10 min。

表 4.1 显示的是分别考虑三个典型容量值所得到的地面延误时间分配，即确定型情况。显然此时针对每一个典型容量值都没有空中延误，对应的地面总延误时间分别为 7 min、140 min 和 365 min。表 4.2～表 4.4 表示如果按照某一个典型容量值分配地面延误时间，但最终出现的是其他两个典型容量值的情况下产生的延误情况。

表 4.1　按照三个典型容量值单独分配地面延误时间

时刻表到达时间	m_1			m_2			m_3		
	实际到达时间	地面延误时间（min）	空中延误时间（min）	实际到达时间	地面延误时间（min）	空中延误时间（min）	实际到达时间	地面延误时间（min）	空中延误时间（min）
8:00	8:00	0	0	8:00	0	0	8:00	0	0
8:01	8:02	1	0	8:05	4	0	8:10	9	0
8:03	8:04	1	0	8:10	7	0	8:20	17	0
8:06	8:06	0	0	8:15	9	0	8:30	24	0
8:08	8:08	0	0	8:20	12	0	8:40	32	0
8:10	8:10	0	0	8:25	15	0	8:50	40	0
8:11	8:12	1	0	8:30	19	0	9:00	49	0
8:12	8:14	2	0	8:35	23	0	9:10	58	0
8:14	8:16	2	0	8:40	26	0	9:20	66	0
8:20	8:20	0	0	8:45	25	0	9:30	70	0
总延误时间（min）		7	0		140	0		365	0

表 4.2　按照 m_1 分配地面延误时间

	m_1	m_2	m_3
地面延误时间（min）	7	7	7
空中延误时间（min）	0	133	358

表 4.3　按照 m_2 分配地面延误时间

	m_1	m_2	m_3
地面延误时间（min）	140	140	140
空中延误时间（min）	0	0	225

表 4.4　按照 m_3 分配地面延误时间

	m_1	m_2	m_3
地面延误时间（min）	365	365	365
空中延误时间（min）	0	0	0

考虑用不同的 α' 和 p_q 组合计算优化结果,来验证式(4.19)的正确性。实际问题中存在一个主要的典型容量值,对应正常状况下的容量,其出现概率较高,其他的典型容量值作为辅助,对应天气等因素造成的容量下降的状况,其出现概率低于主要样本概率。下面分四种情况来验证。

(1) $\alpha'=4, p_1=0.8, p_2=0.1, p_3=0.1$,由式(4.19)确定 m_1 为有效容量。

$$C_1 = G_1 + 4 \times \sum_{k=2}^{3} p_k \times (G_k - G_1) = 203.4$$

$$C_2 = G_2 + 4 \times p_3 \times (G_3 - G_2) = 230$$

$$C_3 = G_3 = 365$$

由计算结果可知 C_1 最小,验证了理论分析的正确性。

(2) $\alpha'=4, p_1=0.7, p_2=0.2, p_3=0.1$,由式(4.19)确定 m_2 为有效容量。

$$C_1 = G_1 + 4 \times \sum_{k=2}^{3} p_k \times (G_k - G_1) = 256.6$$

$$C_2 = G_2 + 4 \times p_3 \times (G_3 - G_2) = 230$$

$$C_3 = G_3 = 365$$

由计算结果可知 C_2 最小,验证了理论分析的正确性。

(3) $\alpha'=4, p_1=0.6, p_2=0.1, p_3=0.3$,由式(4.19)确定 m_3 为有效容量。

$$C_1 = G_1 + 4 \times \sum_{k=2}^{3} p_k \times (G_k - G_1) = 489.8$$

$$C_2 = G_2 + 4 \times p_3 \times (G_3 - G_2) = 410$$

$$C_3 = G_3 = 365$$

由计算结果可知 C_3 最小,验证了理论分析的正确性。

(4) $\alpha'=3, p_1=p_2=p_3=1/3$,由式(4.19)和式(4.20)确定 m_2 或 m_3 为有效容量。

$$C_1 = G_1 + 3 \times \sum_{k=2}^{3} \frac{1}{3} \times (G_k - G_1) = 498$$

$$C_2 = G_2 + 3 \times \frac{1}{3} \times (G_3 - G_2) = 365$$

$$C_3 = G_3 = 365$$

由计算结果可知 $C_2 = C_3$ 最小,验证了理论分析的正确性。

通过算例分析验证了有效容量判别公式(4.19)的正确性。3 个以上典型容量值的分析过程和结论与此相同,这里不再赘述。至此将多个典型容量值的随机问题转换成了单个的有效容量问题,从而确定可用来分配的时隙数量,为后续几章进一步的时隙分配研究奠定了基础。

第 5 章

基于单目标优化的集权式
时隙分配研究

目前在我国流量管理实际工作中大多采用集权式,有必要在现有的集权式下进一步完善时隙分配方法。时隙分配是一种资源配置问题,而优化理论是解决资源配置问题的有效方法,因此本章采用优化理论研究集权式时隙分配问题。当流量管理部门和航空公司的决策目标一致时,时隙分配问题就是单目标优化问题。本章首先介绍单目标优化理论;接着明确集权式时隙分配的效率性和公平性,在此基础上建立时隙分配的均衡优化模型;然后设计人工鱼群算法求解模型;最后进行算例分析。

5.1 单目标优化的相关概念

20世纪40年代以来,生产和科学研究突飞猛进地发展,特别是计算机的应用日益广泛,使最优化问题的研究不仅成为一种迫切需要,而且有了求解的有力工具,最优化理论迅速发展起来,形成一个新的学科。最优化理论研究的问题是讨论在众多的方案中什么样的方案最优以及怎样找出最优方案,而这个过程一般是通过建立并求解优化模型来完成的。一个优化模型包括决策变量、目标函数和约束条件三个部分,其数学描述为

$$\min f(x) \text{ 或 } \max f(x) \tag{5.1}$$
$$h_i(x) = 0, i = 1, 2, \cdots, m \tag{5.2}$$
$$g_j(x) \leqslant 0 \text{ 或 } g_j(x) \geqslant 0, j = 1, 2, \cdots, n \tag{5.3}$$

其中,x 为决策变量;式(5.1)为目标函数;式(5.2)和式(5.3)为约束条件。

时隙分配问题属于资源配置问题,也可以利用优化理论来解决。在时隙分配

61

过程中,流量管理部门与航空公司有着各自的决策目标。在集权式时隙分配方式下,流量管理部门的决策目标决定分配结果。如果流量管理部门与航空公司的决策目标一致,则可以用单目标优化理论来解决;如果两者的决策目标不一致,流量管理部门可以将航空公司的决策目标当作自身的辅助决策目标,利用多目标优化理论来解决。本章主要研究单目标优化问题,第6章主要研究多目标优化问题。

时隙分配的对象可以是航班,也可以是航空公司;时隙分配的效率性可以是总延误时间最少,也可以是总延误成本最少。本章主要研究单目标优化问题,这个决策目标有多种选择。根据分配对象和效率性的不同,下面分别从航班-时间、航空公司-时间、航班-成本和航空公司-成本这四个方面建立均衡优化模型。

需要说明的是,在集权式时隙分配方式下,流量管理部门难以准确获得航空公司提供的取消航班的信息,所以本章所建立的模型都不考虑航班取消情况。

5.2 航班-时间时隙分配

本节首先明确基于航班-时间时隙分配的效率性和公平性,然后建立均衡优化模型。

5.2.1 效率性和公平性

在航班-时间时隙分配中,分配的对象是航班,其效率性是指所有航班的总延误时间最少。事实上,在拥挤时间区间,所有时隙都能够充分利用,在满足有效性约束的同时也能够满足"总延误时间不变定理",从而保证了效率性的实现。

以减少总延误时间为目标,各架次航班作为独立个体,不考虑航班机型等带来的航班成本的差异,也不考虑航班所隶属的航空公司的影响,这里的公平性是指各架次航班尽可能平均承担延误时间。

5.2.2 均衡优化模型

Ball 用 OPTIFLOW 模型进行时隙分配,用公式化的表达方式来体现公平性,但是 OPTIFLOW 模型的优化程度有限。在确保每个时隙都被充分利用的基础上,所有航班所承担的总延误时间满足"总延误时间不变定理",所以不存在一种分配方案使航班承担的总延误时间减少。换言之,在基于航班-时间时隙分配中,不需要将总延误时间最少作为目标函数,可以直接将公平性体现在目标函数上。

本小节建立了一种基于航班的二次整数规划时隙分配模型(Flights-based Quadratic Integral Programming,FQIP)。优化模型描述如下:

$$\min \sum_{f_i \in F, s_j \in S_{f_i}} \left[(t_j - OSTA_i)x_{ij} - \frac{\sum_{f_i \in F, s_j \in S_{f_i}} (t_j - OSTA_i)x_{ij}}{|F|} \right]^2 \tag{5.4}$$

约束条件：

$$\sum_{s_j \in S_{f_i}} x_{ij} = 1, \forall f_i \in F \tag{5.5}$$

$$\sum_{f_i \in F} x_{ij} = 1, \forall s_j \in S \tag{5.6}$$

$$x_{ij} = \{0,1\}, i = 1,2,\cdots,|F|, j = 1,2,\cdots,|S| \tag{5.7}$$

其中，F 表示航班 f_i 的集合；$|F|$ 表示航班数量；S 表示时隙 s_j 的集合；$|S|$ 表示时隙的数量；t_j 表示时隙 s_j 的开始时间；$OSTA_i$ 表示航班 f_i 的时刻表初始计划着陆时间；S_{f_i} 表示航班 f_i 的可用时隙的集合，即 $S_{f_i} = \{s_j \in S | OSTA_i \le t_j\}$，$S_{f_i} \subseteq S$；

$\dfrac{\sum\limits_{f_i \in F, s_j \in S_{f_i}} (t_j - OSTA_i) x_{ij}}{|F|}$ 表示所有航班的平均延误时间。x_{ij} 是决策变量，当航班 f_i 分

配给时隙 s_j 时，$x_{ij} = 1$，否则，$x_{ij} = 0$。

5.3
航空公司–时间时隙分配

本节首先明确基于航空公司–时间时隙分配的效率性和公平性，然后建立均衡优化模型。

5.3.1　效率性和公平性

在航空公司–时间时隙分配过程中，分配的对象是航空公司，其效率性是指所有航空公司的延误时间总和最少，即所有航班的延误时间总和最少。可以看出，此时的效率性与基于航班–时间的效率性是相同的。

这里的公平性包含两层意思。第一层指在研究的拥挤时间段内，每一家航空公司所获得的时隙个数应该与在该时间段时刻表中公布的本公司的航班数量一致，遵循比例原则。第二层指任何一家航空公司都不能承担过度的延误时间，即各航空公司航班的平均延误时间尽可能接近所有航班总平均延误时间。由于有效性的实现能够保证每架次航班必定会分配一个时隙，很容易实现第一层公平性，所以我们更加关注第二层公平性的实现。

5.3.2　均衡优化模型

同样，由于满足"总延误时间不变定理"，所以不需要将总延误时间最少作为目标函数，可以直接将公平性体现在目标函数上。本小节建立了基于航空公司的二次整数规划（Airlines-based Quadratic Integral Programming，AQIP）模型。优化模型描述如下：

$$\min \sum_{A \in A'} \left[\frac{\sum\limits_{f_i \in F_A} \sum\limits_{s_j \in S} (t_j - OSTA_i) x_{ij}}{|F_A|} - \frac{\sum\limits_{f_i \in F} \sum\limits_{s_j \in S} (t_j - OSTA_i) x_{ij}}{|F|} \right]^2 \tag{5.8}$$

约束条件：

$$\sum_i x_{ij} = 1, \forall s_j \in S \tag{5.9}$$

$$\sum_j x_{ij} = 1, \forall f_i \in F \tag{5.10}$$

$$x_{ij} \in \{0,1\} \tag{5.11}$$

其中，A' 表示航空公司的集合；F_A 表示航空公司 A 的航班集合，$A \in A'$；$|F_A|$ 表示航空公司 A 的航班数量；其余参数同式（5.4）。$\dfrac{\sum\limits_{f_i \in F_A} \sum\limits_{s_j \in S} (t_j - OSTA_i) x_{ij}}{|F_A|}$ 表示公司 A 中每架次航班承担的平均延误时间，$\dfrac{\sum\limits_{f_i \in F} \sum\limits_{s_j \in S} (t_j - OSTA_i) x_{ij}}{|F|}$ 表示所有航空公司每架次航班承担的平均延误时间。当航班 f_i 分配给时隙 s_j 时，$x_{ij} = 1$，否则，$x_{ij} = 0$。

无论是航班-时间时隙分配，还是航空公司-时间时隙分配，其效率性体现在总的延误时间最少，但是总延误时间最少不代表总延误成本最少，因而需要研究考虑延误成本的时隙分配模型。

5.4 / 航班-成本时隙分配

本节首先明确基于航班-成本时隙分配的效率性和公平性，然后建立均衡优化模型。

5.4.1 效率性和公平性

在航班-成本时隙分配中，分配的对象是航班，其效率性是指所有航班的总延误成本最少，而公平性是指延误成本在各架次航班之间均匀分配。

与延误时间最少的情况不同，在考虑延误成本的情况下，公平性因素的加入很可能会影响效率性的实现，所以在模型中要均衡效率性和公平性。

5.4.2 均衡优化模型

本小节首先建立均衡优化模型，然后分析模型中相关参数的计算方法。

5.4.2.1 模型建立

将效率性和公平性都直接体现在目标函数中，约束条件同式（5.9）～式（5.11），建立均衡优化模型：

$$\min \left[\alpha \times \sum_{f_i \in F} c_i + (1-\alpha) \times \sum_{f_i \in F} \frac{(c_i - \bar{c})^2}{|F|} \right] \tag{5.12}$$

$$c_i = \sum_{s_j \in S} a_i(t_j - OSTA_i)x_{ij}$$

$$\bar{c} = \frac{1}{|F|}\sum_{f_i \in F}\sum_{s_j \in S} a_i(t_j - OSTA_i)x_{ij} \tag{5.13}$$

其中，a_i表示航班f_i延误损失系数；c_i表示航班f_i的延误成本；$\bar{c}$表示所有航班的平均延误成本；$\sum_{f_i \in F} c_i$表示所有航班的延误成本之和，体现效率性；$\dfrac{(c_i - \bar{c})^2}{|F|}$表示$c_i$与$\bar{c}$之间的差距，体现公平性；$\alpha$是调节因子，用来调节效率性和公平性的均衡程度；$x_{ij}$是决策变量。

用均匀分配延误成本来体现公平性，这就意味着延误损失系数大的航班分担的延误时间要少。一般延误损失系数大的航班为大型航班，其承载的旅客多、耗油量大，给这样的航班分配较少的延误时间，符合现实中的管制操作，具有实用性。

5.4.2.2　参数计算

在均衡优化模型中最为关键的参数就是航班的延误损失系数a_i，a_i确定后，也就很容易获得各架次航班的延误成本。对于a_i的计算可从两方面来考虑：一方面是将每一架次航班看作单独的个体，通过计算每架次航班的显性成本来表示a_i；另一方面是将航班按照某种方式进行分组，每一组航班具有相同的a_i，通常有按航班机型分组和航班聚类分组两种。下面从航班显性成本、航班机型分组和航班模糊聚类分组出发，分别计算a_i。

（1）航班显性成本

2006年，徐肖豪、李雄分析了航班延误成本的构成，给出了航班延误显性成本的计算方法。航班延误成本的构成如图5.1所示。

从图5.1可以看出，航班延误成本不仅包括显性成本，还包括隐性成本。但是由于隐性成本存在很多不确定性，很难去计算，所以本小节只考虑显性成本。航班延误的显性成本主要由两部分构成，即航班延误造成的旅客经济损失和航空公司经济损失，而航空公司经济损失又分为运营成本和盈利损失，并假定显性成本与航班的延误时间呈线性关系。其中，旅客经济损失由载客量、客座率以及每名旅客的平均延误成本确定；延误航班的运营成本由航班机型决定；延误航班的盈利损失由载客量、平均票价、平均净利润和平均飞行时间等因素确定。这样每架次航班f_i的延误损失系数a_i可以表示为

$$a_i = a_i^{lk} + a_i^{yy} + a_i^{yl} = l_i \times \omega \times r_i + a_i^{yy} + \omega \times r_i \times p_i \times v_i / h_i \tag{5.14}$$

其中，a_i^{lk}、a_i^{yy}和a_i^{yl}分别表示航班f_i的单位时间的旅客经济损失、运营成本和盈利损失，ω表示平均客座率，r_i表示最大载客量，p_i表示平均票价，v_i表示平均利润率，h_i表示平均飞行时间，l_i表示每名旅客的平均延误成本。

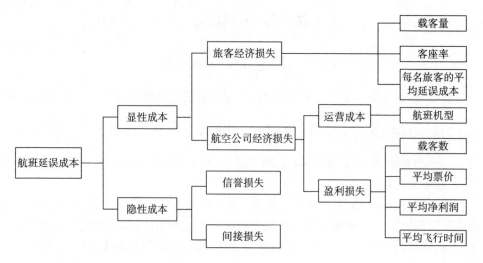

图 5.1 航班延误成本的构成

按照式(5.14)计算每架次航班的延误损失系数,当航班较多时,需要花费很长时间计算。此外,平均票价、客座率等信息属于"商业机密",流量管理部门难以获得准确数据,给计算带来困难。

(2)航班机型分组

按照航班机型分组是最常见的分组方式。起飞重量大的飞机,其停场费、起降费、旅客服务费等就相对较高,相应的延误损失系数也就较大。根据 ICAO 的标准,按照飞机的尾流强弱将飞机分为三类,如表 5.1 所示。但是对于各机型延误损失系数的具体比例,并没有统一的标准。

表 5.1 ICAO 对飞机的分类

机型	代表符号	最大起飞重量	尾流类型
重型机	H	136 t 以上	重型
中型机	M	7~136 t	中型
轻型机	L	小于 7 t	轻型

(3)航班模糊聚类分组

按照航班机型分组只考虑了机型的影响,显然不够全面。李雄和徐肖豪综合考虑最大起飞重量、最大业载、平均小时耗油量、航班重要等级等因素,提出了基于传递闭包的航班模糊聚类算法,用于终端区着陆飞机排序的问题。本书将这一方法借鉴到时隙分配问题中。

模糊聚类算法的步骤如下:

①对给定的论域 $X = \{x_1, x_2, \cdots, x_n\}$ 进行规格化处理,以确保元素在 $[0,1]$。

$$x'_{ij} = \frac{x_{ij}}{\max(x_{i1}, \cdots, x_{im})} \tag{5.15}$$

其中,$x_i = (x_{i1}, \cdots, x_{im})$,$m$ 表示 x_i 的维数。

②计算模糊相似矩阵 $\boldsymbol{R}_{n \times n}$。

$$r_{ij} = \frac{\sum\limits_{k=1}^{M}(x'_{ik} \wedge x'_{jk})}{\sum\limits_{k=1}^{M}(x'_{ik} \vee x'_{jk})} \tag{5.16}$$

③采用传递闭包方法计算 $\boldsymbol{R}^2$、$\boldsymbol{R}^4$ 等,直到 $\boldsymbol{R}^k = \boldsymbol{R}^{2k}$($k$ 为正整数),即 $\boldsymbol{R}^k$ 为相似矩阵 $\boldsymbol{R}$ 的传递闭包,计为 $t(\boldsymbol{R})$。

④设定 λ 值,计算 λ 截集,完成聚类,假设在 λ 水平下共有 Z 类。

⑤每一类 $z \in Z$,按照 z 的重要等级的降序排列,若重要等级相同,则按照最大起飞重量的降序排列。

⑥计算每一类 z 的单位延误成本系数 c_z:

$$c_z = [4 \times (Z - z) + 1] \times c_g \tag{5.17}$$

⑦先给优先级别高的那一组分配时隙,同一组的航班按照 OSTA 的升序分配时隙。

至此,可以按照上述的方法计算每一类航班的延误损失系数,直接应用于均衡优化模型。

5.5 航空公司-成本时隙分配

本节首先明确基于航空公司-成本时隙分配的效率性和公平性,然后建立均衡优化模型。

5.5.1 效率性和公平性

在航空公司-成本时隙分配过程中,分配的对象是航空公司,其效率性是指所有航空公司的延误成本最少,也就是所有航班的延误成本最少。此时的效率性与基于航班-成本的效率性是相同的。

这里的公平性包含两层意思:第一层指在研究的拥挤时间段内,每家航空公司所获得的时隙个数应该与在该时间段时刻表中公布的本公司的航班数量一致,遵循比例原则;第二层指任何一家航空公司都不能承担过度的延误成本,即各航空公司的延误成本尽可能接近所有航空公司的平均延误成本。由于有效性的实现能够保证每架次航班必定会分配一个时隙,很容易实现第一层公平性,所以重点研究第二层公平性的实现。

5.5.2 均衡优化模型

2008 年,张荣等建立了二次整数优化模型,该模型的分配结果使各航空公司的平均延误成本都尽可能接近总的平均延误成本。但是,该模型只考虑了公平性,忽略了效率性。要均衡效率性和公平性,依然可以按照 5.4 节的思路,在已有模型的基础上引入调节因子 α 来进行均衡。本小节采用另外一种思路:引入基尼系数(Gini Coefficient)的概念,对公平性进行量化分析,从而建立一种新的均衡优化模型。

经济学中经常使用基尼系数来量化社会中收入的不公平程度,其应用范围已经扩展到了城市交通资源配置、卫生资源配置、企业信息管理以及电力调度等领域。基尼系数越小,说明分配越均匀。究竟这一指标取多大合适,没有一个绝对的准则,计算方法也并不唯一。本小节将基尼系数引入时隙分配领域,建立效率性和公平性均衡优化模型。

基尼系数的计算如式(5.18)~式(5.23)所示。

$$G = \sum_{i=1}^{|F|} p_i y_i + 2 \sum_{i=1}^{|F|} p_i (1 - v_i) - 1 \tag{5.18}$$

$$p_i = \frac{\sum_{f_j \in F_A} a_j}{\sum_{f_j \in F} a_j} \tag{5.19}$$

$$D_A = \sum_{f_i \in F_A} \sum_{s_j \in S} a_i (t_j - OSTA_i) x_{ij} \tag{5.20}$$

$$D = \sum_{f_i \in F} \sum_{s_j \in S} a_i (t_j - OSTA_i) x_{ij} \tag{5.21}$$

$$y_i = \frac{D_A}{D} \tag{5.22}$$

$$v_i = y_1 + y_2 + \cdots + y_i \tag{5.23}$$

其中,G 表示基尼系数;a_j 表示航班 f_j 的单位时间延误成本;p_i 表示每家航空公司内部航班的单位时间总延误成本与所有航空公司航班的单位时间总延误成本的比例;D_A、D 分别表示单家航空公司的延误成本和所有航空公司的总延误成本;y_i 表示 D_A 和 D 的比例;v_i 表示累计数。

本书把效率性作为目标函数,公平性作为约束条件($G \leqslant \alpha$),建立均衡优化模型

$$\min \sum_{i=1}^{|F|} \sum_{j=1}^{|S|} a_i (t_j - OSTA_i) x_{ij} \tag{5.24}$$

约束条件为

$$G \leqslant \alpha \tag{5.25}$$

$$\sum_j x_{ij} = 1, i \in \{1, 2, \cdots, |F|\} \tag{5.26}$$

$$\sum_i x_{ij} = 1, j \in \{1, 2, \cdots, |S|\} \tag{5.27}$$

$$x_{ij} \in \{0, 1\} \tag{5.28}$$

式(5.25)中,α 依然可以被认为是调节因子,用于表征公平性水平,可用来调

节基尼系数 G 的大小,在满足某个公平性水平的条件下,使效率性水平达到最高。

5.6 人工鱼群算法

至此,已经分别建立了四类均衡优化模型,需要对模型进行快速求解。由于传统的线性规划方法求解效率低,且容易出现"维数爆炸",所以本节采用人工鱼群算法(Artificial Fish School Algorithm, AFSA)快速求解模型。

人工鱼群算法产生于 2002 年,是一种模仿鱼群行为方式的群智能多点并行搜索优化算法。该算法的主要特点是不需要了解问题的特殊信息,只需要对问题进行优劣的比较,有较快的收敛速度,具有跳出局部极值获得全局极值的能力,对初值和参数要求不高。

该算法在国内的一些领域也得到了应用:李晓磊最初将该算法用于解决连续性优化问题,针对大系统优化问题中方程数量多、变量维数高的特点,提出了基于分解协调思想的人工鱼群算法;然后应用于离散系统,对旅行商问题(Traveling Salesman Problem, TSP)这个经典的组合优化问题进行仿真测试,证明了算法的快速收敛性;王飞、徐肖豪等研究了基于人工鱼群算法的终端区航班排序问题。

本节首先对人工鱼群算法的符号定义、行为描述及收敛性能进行分析,然后提出优化结果的选择指标。

5.6.1 符号定义

人工鱼群算法最初应用于连续函数优化问题,本节所讨论的时隙分配模型是离散函数的优化问题,因此需要对原始的定义进行相应的改进以满足应用需求。相关参数表示如下:

x_i:第 i 条人工鱼给一组航班分配的着陆时隙序列。例如 $x_i=(1,2,5,4,3)$,代表在第 i 条人工鱼中,给航班$(f_1,f_2,\cdots,f_5)$分别分配在第 1、2、5、4、3 时隙着陆。

$y=f(x)$:目标函数值,表示效率性,可以是总延误时间,也可以是总延误成本。

$d(x_i,x_j)$:人工鱼 x_i 和 x_j 之间的距离。令 $x_i=(a_1,\cdots,a_n)$,$x_j=(b_1,\cdots,b_n)$,距离的计算公式为

$$d(x_i,x_j)=\sum_{m=1}^{n}\mathrm{sign}(\,|\,a_m-b_m\,|\,) \tag{5.29}$$

$$\mathrm{sign}(x)=\begin{cases}1,x>0\\0,x=0\\-1,x<0\end{cases} \tag{5.30}$$

这里出现的距离概念,实际上就是同一组航班序列在不同的分配方案中所对应的着陆时隙的差异程度,即有多少个着陆时隙是不一样的。

visual：人工鱼的感知距离。

$N(x_i, visual)$：当前状态 x_i 的 *visual* 邻域，也称视野范围。

$$N(x_i, visual) = \{x_j \mid d(x_i, x_j) < visual\} \tag{5.31}$$

δ：拥挤度因子。

5.6.2 行为描述

人工鱼主要有四种典型的行为：觅食行为、聚群行为、追尾行为和随机行为。

（1）觅食行为：这是鱼的基本行为，当发现附近有食物时，鱼会向该方向游动。

（2）聚群行为：它们往往能形成非常庞大的群。

（3）追尾行为：当某条鱼发现该处食物丰富时，其他鱼会快速尾随而至。

（4）随机行为：当闲暇无事时，轻松地自由游动。

人工鱼群算法采用自下而上的设计方法，即首先构造人工鱼的个体模型，个体在寻优的过程中自适应地选择合适的行为，最后全局最优结果通过群体或者某个个体表现出来。下面对四种行为进行详细描述。

5.6.2.1 觅食行为

当前人工鱼为 x_i，根据式（5.31）在视野范围内任选一个状态 x_j，计算目标函数值 y_i 和 y_j。由于本章的模型都是寻求目标最小的优化结果，所以当 $y_j < y_i$，则向 y_j 方向前进一步，用 x_j 替代 x_i，成为新的当前人工鱼；反之，在视野范围内再重新随机选择 x_j，判断是否满足前进条件。如果在 x_i 的视野范围内所有的 x_j 都不满足前进条件，则执行其他行为。

5.6.2.2 聚群行为

当前人工鱼为 x_i，其 *visual* 邻域的伙伴数目为 n_f，人工鱼总数为 *num*。如果 $(n_f/num) < \delta, 0 < \delta < 1$，表明中心位置有较多食物并且不太拥挤。*visual* 邻域中心位置为 x_c，对应的函数值为 y_c。如果此时 $y_c < y_i$，则人工鱼向中心位置 x_c 前进一步；否则，执行其他行为。至于 δ 的取值，要根据具体情况确定，本书中取 $\delta = 0.9$。

在离散系统中，李晓磊为求解 TSP 问题提出 most 操作来计算中心位置。在时隙分配问题中，考虑到着陆航班数量比较大，参与寻优的人工鱼数目比较多，most 操作在整个寻优过程中反复出现，若要采用 most 操作，势必会带来计算量的增加。因此，本书采用以下方法来确定中心位置：首先将 x_i 的 *visual* 邻域的人工鱼按照目标函数值 y_i 的大小次序排列；然后借鉴遗传算法的选择操作，选取目标函数值较小的部分人工鱼组成新的集合，在此集合中选择新的状态 x_j；接着计算 $y_i - y_j$，采用模拟退火算法中按概率接受新解的思想，如果满足 $(y_i - y_j)/y_i < \beta$（β 是设定的误差值，没有统一的取值规则，本书采用多次试探法取 $\beta = 0.1$），则要依概率接受新的状态，这些被接受了的新的状态就组成了集合 U'。若 U' 不是空集，则在 U' 中任选一个状态作为中心位置，否则将 x_i 作为中心位置。这样，既可保证当前状态向较优的方向移动，也可避免陷入局部最优而无法跳出，同时还降低了计算复杂度，提高

了算法的执行效率。

5.6.2.3　追尾行为

当前人工鱼为 x_i，其邻域内状态最优的邻居为 $x_{\min}$，如果 $y_{\min} < y_i$，并且 $x_{\min}$ 的邻域内伙伴的数目 n_f 满足 $n_f/num < \delta, 0 < \delta < 1$，表明 $x_{\min}$ 的附近有较多的食物并且不太拥挤，则向 $x_{\min}$ 的位置前进一步；否则，执行其他行为。

5.6.2.4　随机行为

随机行为是从当前状态无约束地转移到另一可行状态。在寻优过程中，如果当前最优解长时间没有得到改进，在对计算量没有太大影响的前提下，可以加入随机行为来搜索另一个可行解空间。

这四种行为并没有明确的先后执行顺序，通常按照进步最快的原则或者进步即可的原则来选择。本书中采取的策略是依次进行追尾、觅食和聚群行为，如果依然没有明显进步就进行随机行为。

5.6.3　收敛性能

对于优化算法而言，收敛性是一个关键的问题。在人工鱼群算法中，人工鱼的觅食行为奠定了算法收敛的基础，聚群行为加强了算法收敛的稳定性，追尾行为则增强了算法收敛的快速性和全局性。有学者通过仿真实验和数据分析，研究了步长、拥挤度因子、人工鱼数量、感知距离等参数对算法收敛性能的影响，结果证明该算法具有较稳定的收敛性能。

收敛准则是优化算法的重要组成部分，其选择直接影响到算法是否收敛以及收敛的快慢。本书选择的收敛准则是：前、后迭代点的逼近是否满足一定的精度，即

$$|y_{n+1} - y_n| \leqslant \lambda \tag{5.32}$$

其中，λ 为一个足够小的正数。当前、后迭代点的差值连续 50 次小于 λ，则认为满足收敛准则，算法结束。

前人将人工鱼群算法与 FCFS 算法、蚁群算法、模拟退火算法在地面等待策略中的实用性和执行效率进行了对比分析，结果表明人工鱼群算法能够取得较好的结果，并且效率优于蚁群算法和模拟退火算法这两种智能算法。

5.6.4　选择指标

与其他智能算法类似，采用人工鱼群算法求解模型得到的优化结果并不一定是唯一的。为避免航空公司对不同的优化结果存在争议，空中交通流量管理部门依据一定的准则选择一个优化结果并发布执行。为此可以考察以下三种指标，在整体性能相同的情况下，根据需要选取合适的分配结果。

(1)航班优先权。让排在时刻表靠前位置的航班尽可能分配到较早的时隙，这就体现了航班优先权的公平性原则。

(2)航班位置变化标准差指标。具体计算如式(5.33)所示。

$$P = \sqrt{\frac{1}{|F| - 1}\sum_{i=1}^{|F|}(j-i)^2} \tag{5.33}$$

其中,j 代表分配后的航班位置;i 代表分配前的航班位置。航班位置变化标准差是衡量管制员工作强度的重要因素之一,其数值大小可代表管制员工作强度的强弱。

(3)航班最大延误损失成本。人工鱼群算法虽然整体上满足效率性要求,但是对单架次航班而言很可能会承担过多的延误损失成本,因而可选取航班最大延误损失成本最小的分配结果。

通常同时满足上述三个指标是不现实的,可根据需要选择满足其中一个。在求解模型过程中,将目标函数加上罚函数来体现所选取指标的约束。

5.7

算例分析

本节针对四类集权式时隙分配分别进行算例分析。

5.7.1 航班-时间模型的算例分析

假设由于天气原因,某机场可用容量由每小时 30 架次(时隙长度为 2 min)下降至每小时 15 架次(时隙长度为 4 min),以 20 架次航班为例进行算例计算,时刻表初始计划着陆时间(OSTA)数据如表 5.2 所示。

表 5.2 航班的 OSTA 数据

航班	OSTA	航班	OSTA	航班	OSTA	航班	OSTA
1	10:30	6	10:40	11	10:50	16	11:00
2	10:32	7	10:42	12	10:52	17	11:02
3	10:34	8	10:44	13	10:54	18	11:04
4	10:36	9	10:46	14	10:56	19	11:06
5	10:38	10	10:48	15	10:58	20	11:08

本小节从两个方面对算例进行分析:首先分析人工鱼群算法(AFSA)的执行效率;然后将均衡优化(FQIP)模型的分配结果与现有的算法和模型的分配结果进行对比分析。

5.7.1.1　AFSA 执行效率分析

图 5.2 和图 5.3 分别显示总延误时间与目标函数值(延误时间与平均延误时间之差的平方和)随迭代次数增加的变化趋势。可以看出,对于 20 架次航班而言,在迭代 50 次以内就可达到最优解,而耗费时间不到 10 s,说明该算法执行效率很高。

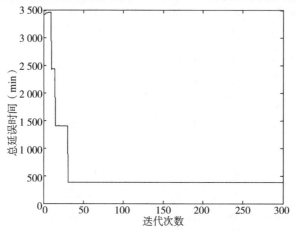

图 5.2　总延误时间随迭代次数增加的变化趋势

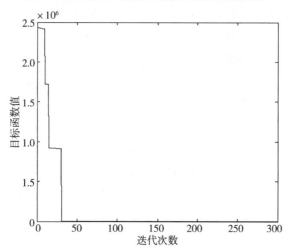

图 5.3　目标函数值随迭代次数增加的变化趋势

5.7.1.2　分配结果分析

RBS 算法、ADB 算法、OPTIFLOW 模型值都可以用来将延误时间分配给航班,这些算法和模型的分配结果如表 5.3 和图 5.4 所示。

表 5.3　基于航班–时间的算法和模型分配结果

航班	RBS 算法		ADB 算法		OPTIFLOW 模型 ($\varepsilon=0.5$)		FQIP 模型	
	时隙	延误(min)	时隙	延误(min)	时隙	延误(min)	时隙	延误(min)
1	10:30	0	10:30	0	10:30	0	10:30	0
2	10:34	2	10:34	2	10:34	2	10:34	2
3	10:38	4	10:38	4	10:38	4	10:38	4
4	10:42	6	10:42	6	10:42	6	10:42	6
5	10:46	8	10:46	8	10:46	8	10:46	8
6	10:50	10	10:50	10	10:50	10	10:50	10
7	10:54	12	10:54	12	10:54	12	10:54	12
8	10:58	14	10:58	14	10:58	14	10:58	14
9	11:02	16	11:02	16	11:02	16	11:02	16
10	11:06	18	11:06	18	11:06	18	11:06	18
11	11:10	20	11:10	20	11:10	20	11:10	20
12	11:14	22	11:14	22	11:14	22	11:14	22
13	11:18	24	11:18	24	11:18	24	11:18	24
14	11:22	26	11:22	26	11:22	26	11:22	26
15	11:26	28	11:26	28	11:26	28	11:26	28
16	11:30	30	11:30	30	11:30	30	11:30	30
17	11:34	32	11:34	32	11:34	32	11:34	32
18	11:38	34	11:38	34	11:38	34	11:38	34
19	11:42	36	11:42	36	11:42	36	11:42	36
20	11:46	38	11:46	38	11:46	38	11:46	38
平均延误时间 (min)	19		19		19		19	
最大延误时间 (min)	38		38		38		38	
总延误时间 (min)	380		380		380		380	

　　从表 5.3 和图 5.4 可以看出,四种方法的分配结果完全相同,这说明 RBS 算法、ADB 算法可以作为求解 FQIP 模型的启发式算法。同时也验证了新建立的 FQIP 模型能够按照 OSTA 的优先权进行分配,在基于航班–时间的时隙分配中是可行和实用的。

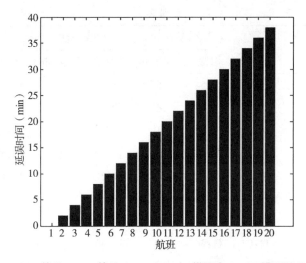

图 5.4　RBS 算法、ADB 算法、OPTIFLOW 模型和 FQIP 模型的分配结果

需要说明的是,上述的算法和模型分配结果都存在相同的问题:排在航班时刻表后面的航班承担较大的延误时间,而这在基于航班-时间的时隙分配的方式中是无法改变的。

5.7.2　航空公司-时间模型的算例分析

PA 算法、PRA 算法可以用来解决这一类的时隙分配问题,本小节将这些算法与基于航空公司的二次整数规划(AQIP)模型的分配结果进行对比分析。假设 A1~A4 是航空公司 A 的航班,B1~B5 是航空公司 B 的航班,C1~C4 是航空公司 C 的航班,D1~D3 是航空公司 D 的航班,E1~E4 是航空公司 E 的航班。基于航空公司-时间的算法和模型分配结果如表 5.4 以及图 5.5~图 5.7 所示。

表 5.4　基于航空公司-时间的算法和模型分配结果

序号	航班	OSTA	PA 算法		PRA 算法		AQIP 模型	
			时隙	延误(min)	时隙	延误(min)	时隙	延误(min)
1	A1	10:30	10:30	0	10:30	0	10:30	0
2	A2	10:32	10:34	2	10:42	10	10:34	2
3	B1	10:34	10:38	4	10:34	0	10:42	8
4	C1	10:36	10:42	6	10:38	2	10:38	2
5	D1	10:38	10:46	8	10:46	8	11:58	20
6	B2	10:40	10:50	10	10:50	10	10:46	6
7	A3	10:42	11:10	28	10:54	12	11:06	24
8	A4	10:44	11:14	30	11:14	30	11:34	50
9	B3	10:46	11:06	20	11:02	16	11:02	16

续表

序号	航班	OSTA	PA 算法		PRA 算法		AQIP 模型	
			时隙	延误(min)	时隙	延误(min)	时隙	延误(min)
10	C2	10:48	10:54	6	11:06	18	11:42	54
11	E1	10:50	10:58	8	10:58	8	10:50	0
12	E2	10:52	11:02	10	11:18	26	11:22	30
13	C3	10:54	11:18	24	11:22	28	10:54	0
14	D2	10:56	11:22	26	11:26	30	11:10	14
15	B4	10:58	11:26	28	11:10	12	11:26	28
16	C4	11:00	11:30	30	11:34	34	11:18	18
17	E3	11:02	11:34	32	11:30	28	11:38	36
18	E4	11:04	11:38	34	11:38	34	11:14	10
19	D3	11:06	11:42	36	11:42	36	11:30	24
20	B5	11:08	11:46	38	11:46	38	11:46	38
A 公司航班平均延误时间(min)			13		13		19	
B 公司航班平均延误时间(min)			22.4		15.2		19.2	
C 公司航班平均延误时间(min)			19.5		20.5		18.5	
D 公司航班平均延误时间(min)			8.67		24.67		19.33	
E 公司航班平均延误时间(min)			28		24		19	
总延误时间(min)					380			
航班平均延误时间(min)					19			

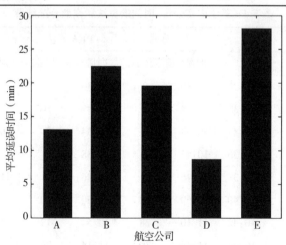

图 5.5 PA 算法分配结果

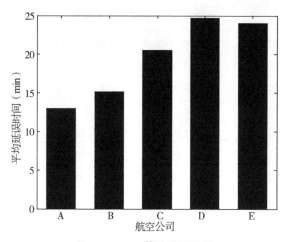

图 5.6   PRA 算法分配结果

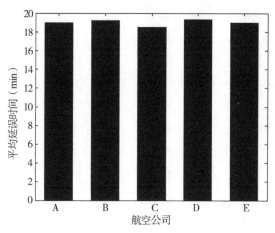

图 5.7   AQIP 模型分配结果

从表 5.4 及图 5.5~图 5.7 可以看出,与 PA、PRA 算法的分配结果相比,AQIP 模型能够使得各家航空公司的平均延误时间都接近于总平均延误时间,更好地体现公平性。

需要说明的是,AQIP 模型的分配结果会使个别航班承担较多的延误时间,如航班 C2 的延误时间为 54 min,这是保障公平性所付出的代价。在实际工作中如果不希望航班承担过多的延误时间,则可以通过损失一定的公平性,将单架次航班的延误时间控制在设定的最大延误时间内。

5.7.3   航班–成本模型的算例分析

延误损失系数优先级 RBS 算法和二次自然增长延误损失算法可用于这类时隙分配,本小节将这些算法的分配结果与 OPTIFLOW 模型、均衡模型的分配结果进行对比分析。由于难以获得式(5.14)中的相关参数,所以只分析两类航班分组的状况。表 5.5 给出了着陆航班的相关参数。

表 5.5　着陆航班的相关参数

航班	机型	最大载重量(kg)	最大业载(kg)	平均小时耗油量(kg)	重要等级	OSTA
1	M	70 533	17 000	2 650	5	10:30
2	H	170 500	38 000	5 500	10	10:32
3	H	229 517	51 396	7 200	10	10:34
4	M	61 234	15 331	2 500	5	10:36
5	L	5 300	1 700	190	5	10:38
6	H	163 293	36 466	5 000	10	10:40
7	M	22 500	7 450	710	5	10:42
8	H	385 557	75 297	11 000	10	10:44
9	M	59 000	11 100	1 900	5	10:46
10	M	21 500	5 400	700	5	10:48
11	H	275 000	45 000	6 800	10	10:50
12	L	5 300	1 700	190	5	10:52
13	H	163 293	36 466	5 000	10	10:54
14	H	229 517	51 396	7 200	10	10:56
15	M	70 533	17 000	2 650	5	10:58
16	H	275 000	45 000	6 800	10	11:00
17	L	5 300	1 700	190	5	11:02
18	M	22 500	7 450	710	5	11:04
19	M	22 500	7 450	710	5	11:06
20	H	385 557	75 297	11 000	10	11:08

5.7.3.1　航班机型分组

关于分配算法,按航班机型分组相对比较简单。由于航班分为重型、中型、轻型三类,首先给重型航班分配时隙,然后给中型航班分配时隙,最后给轻型航班分配时隙,同类的航班按照 OSTA 升序分配时隙。对于分配模型,由于目前对于各个机型的损失系数比例并没有统一的标准,本小节假设各个机型的损失系数比例按照 $13c:5c:1c$ 来计算,c 表示单位时间的航班平均延误成本,不妨假设 $c = 100$ 元,基于航班-成本的算法和模型分配结果如表 5.6 所示。

表 5.6　基于航班–成本的算法和模型分配结果比较(航班机型分组)

航班	延误损失系数优先级 RBS 算法		二次自然增长延误损失算法		OPTIFLOW 模型 ($\varepsilon=0.3$)		均衡优化模型 ($\alpha=0.5$)	
	时隙	延误成本（元）	时隙	延误成本（元）	时隙	延误成本（元）	时隙	延误成本（元）
1	10:30	0	10:30	0	10:30	0	10:30	0
2	10:34	2 600	10:34	2 600	10:34	2 600	10:34	2 600
3	10:38	5 200	10:38	5 200	10:38	5 200	10:38	5 200
4	11:06	15 000	10:50	7 000	11:06	15 000	10:42	3 000
5	11:38	6 000	11:38	6 000	11:38	6 000	11:38	6 000
6	10:42	2 600	10:42	2 600	10:42	2 600	10:46	7 800
7	11:14	16 000	11:06	12 000	11:14	16 000	11:10	14 000
8	10:46	2 600	10:46	2 600	10:46	2 600	10:50	7 800
9	11:18	16 000	11:14	14 000	11:18	16 000	11:14	14 000
10	11:22	17 000	11:22	17 000	11:22	17 000	11:18	17 000
11	10:50	0	10:54	5 200	10:50	0	10:54	5 200
12	11:42	5 000	11:42	5 000	11:42	5 000	11:42	5 000
13	10:54	0	10:58	5 200	10:54	0	10:58	5 200
14	10:58	2 600	11:02	7 800	10:58	2 600	11:02	7 800
15	11:26	14 000	11:26	14 000	11:26	14 000	11:26	14 000
16	11:02	2 600	11:10	13 000	11:02	2 600	11:06	7 800
17	11:46	4 400	11:46	4 400	11:46	4 400	11:46	4 400
18	11:30	13 000	11:30	13 000	11:30	13 000	11:30	13 000
19	11:34	14 000	11:34	14 000	11:34	14 000	11:34	14 000
20	11:10	2 600	11:18	13 000	11:10	2 600	11:18	13 000
总延误时间(min)	380		380		380		380	
总延误成本(元)	141 200		163 600		141 200		166 800	
平均延误时间(min)	19		19		19		19	
平均延误成本(元)	7 060		8 065		7 060		8 340	
最大延误成本(元)	17 000		17 000		17 000		17 000	
$\sum\limits_{f_i \in F}(c_i-\bar{c})^2$	$73\ 809\times10^4$		$48\ 162\times10^4$		$73\ 809\times10^4$		$44\ 049\times10^4$	

表 5.6 中最后一行的 $\sum\limits_{f_i \in F}(c_i-\bar{c})^2$ 表示所有航班的延误成本与平均延误成本之差的平方和,用来表征公平性。通过对表 5.6 的分配结果的分析,可以得到以下结论:

（1）在基于航班–成本的所有分配算法和模型的分配结果中，总延误时间都为 380 min，再次验证了"总延误时间不变定理"。

（2）与延误损失系数优先级 RBS 算法、二次自然增长延误损失算法及 OPTI-FLOW 模型的分配结果相比，虽然均衡优化模型（$\alpha = 0.5$）的分配结果使总延误成本较大，损失了一定的效率性。但是，$\sum\limits_{f_i \in F} (c_i - \bar{c})^2$ 的数值最小，这说明各航班的延误成本尽可能接近平均延误成本，更具公平性。这也验证了效率性和公平性往往难以同时达到最优。

事实上可通过调节 α 的大小来平衡效率性和公平性。下面研究调节因子 α 对模型结果的影响，具体如图 5.8 和图 5.9 所示。

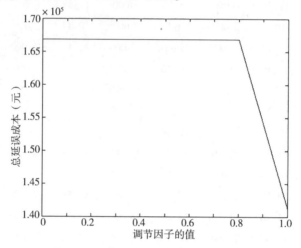

图 5.8　调节因子对总延误成本的影响

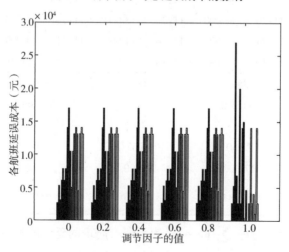

图 5.9　调节因子对各航班延误成本的影响

由图 5.8 和图 5.9 可以得出以下结论：

（1）图 5.8 说明随着调节因子的增大，模型越来越侧重效率的实现，所以总延误成本越来越小，当 $\alpha = 1$ 时达到效率最优。

（2）图 5.9 说明起初公平性占据主导地位，当调节因子逐渐增大时，公平性的约束越来越不明显，效率性逐渐占据主导地位，当 $\alpha = 1$ 时各航班之间的延误成本的差异变大。

（3）效率性和公平性无法同时达到最优，需要根据实际需求进行调节。

5.7.3.2　航班模糊聚类分组

取 $\lambda = 0.8$，在此聚类水平下，按照模糊聚类分组算法，由式（5.15）～式（5.17）计算得到的分组结果为：第一组 $\{f_8, f_{20}\}$，第二组 $\{f_2, f_3, f_6, f_{11}, f_{13}, f_{14}, f_{16}\}$，第三组 $\{f_1, f_4, f_9, f_{15}\}$，第四组 $\{f_5, f_7, f_{10}, f_{12}, f_{17}, f_{18}, f_{19}\}$。相应的损失系数比例为 $13c$：$9c$：$5c$：$1c$，假设取 $c = 100$ 元。基于航班–成本的算法和模型分配结果的比较如表 5.7 所示，α 对总延误成本和各航班延误成本的影响分别如图 5.10 和图 5.11 所示。

表 5.7　基于航班–成本的算法和模型分配结果比较（航班模糊聚类分组）

航班	延误损失系数优先级 RBS 算法		二次自然增长延误损失算法		OPTIFLOW 模型 $(\varepsilon = 0.2)$		均衡优化模型 $(\alpha = 0.5)$	
	时隙	延误损失（元）	时隙	延误损失（元）	时隙	延误损失（元）	时隙	延误损失（元）
1	10:30	0	10:30	0	10:30	0	10:30	0
2	10:34	1 800	10:34	1 800	10:34	1 800	10:34	1 800
3	10:38	3 600	10:38	3 600	10:38	3 600	10:38	3 600
4	11:38	31 000	10:50	7 000	11:06	15 000	10:42	3 000
5	11:06	2 800	11:22	4 400	11:22	4 400	11:22	4 400
6	10:42	1 800	10:42	1 800	10:42	1 800	10:46	5 400
7	11:14	3 200	11:26	4 400	11:26	4 400	11:26	4 400
8	10:46	2 600	10:46	2 600	10:46	2 600	10:50	7 800
9	11:42	28 000	10:58	6 000	11:14	14 000	10:58	6 000
10	11:18	3 000	11:30	4 200	11:30	4 200	11:30	4 200
11	10:50	0	10:54	3 600	10:50	0	10:54	3 600
12	11:22	3 000	11:34	4 200	11:34	4 200	11:34	4 200
13	10:54	0	11:02	7 200	10:54	0	11:02	7 200
14	10:58	1 800	11:06	9 000	10:58	1 800	11:06	9 000
15	11:46	24 000	11:18	10 000	11:18	10 000	11:18	10 000
16	11:02	1 800	11:10	9 000	11:02	1 800	11:10	9 000

续表

航班	延误损失系数优先级 RBS 算法		二次自然增长延误损失算法		OPTIFLOW 模型 ($\varepsilon=0.2$)		均衡优化模型 ($\alpha=0.5$)	
	时隙	延误损失（元）	时隙	延误损失（元）	时隙	延误损失（元）	时隙	延误损失（元）
17	11:26	2 400	11:38	3 600	11:38	3 600	11:38	3 600
18	11:30	2 600	10:42	3 800	10:42	3 800	10:42	3 800
19	11:34	2 800	10:46	4 000	10:46	4 000	10:46	4 000
20	11:10	2 600	11:14	7 800	11:10	2 600	11:14	7 800
总延误时间(min)	380		380		380		380	
总延误成本(元)	111 800		98 000		83 600		102 800	
平均延误时间(min)	19		19		19		19	
平均延误成本(元)	5 940		4 900		4 180		5 140	
最大延误成本(元)	31 000		10 000		15 000		10 000	
$\sum_{f_i \in F} (c_i - \bar{c})^2$	171 120×10^4		13 604×10^4		32 839×10^4		12 785×10^4	

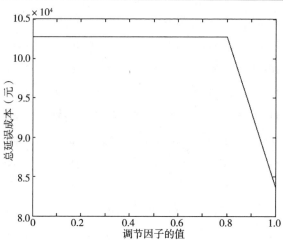

图 5.10　调节因子对总延误成本的影响

按照模糊聚类分组方法对算例进行仿真分析,可以得到与机型分组类似的结论:

(1)随着调节因子的增大,模型越来越侧重效率的实现,所以总延误成本越来越小,当 $\alpha = 1$ 时达到效率最优。

(2)起初公平性占据主导地位,当调节因子逐渐增大时,公平性的约束越来越不明显,效率性逐渐占据主导地位,当 $\alpha = 1$ 时各航班之间的延误成本的差异变大。

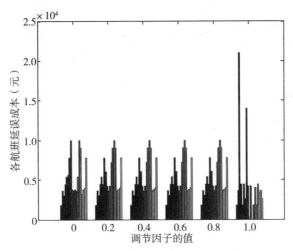

图 5.11　调节因子对各航班延误成本的影响

（3）效率性和公平性无法同时达到最优，需要根据实际需求进行调节。

5.7.4　航空公司–成本模型的算例分析

依然采用表 5.5 中的数据，按照机型进行分组，对这 5 家航空公司的 20 架次航班进行算例分析，研究基尼系数对分配结果的影响。

由于在约束条件中增加了基尼系数的限制，在算法设计时需要对 5.6 节的标准人工鱼群算法进行相应的改进。本小节采用罚函数法将基尼系数的约束添加在目标函数中：

$$f(x_i) = \begin{cases} D_i, & G \leq \alpha \\ D_i + M, & G > \alpha \end{cases} \tag{5.34}$$

其中，$f(x_i)$ 表示按照人工鱼 x_i 分配的算法适应度函数；D_i 表示按照人工鱼 x_i 分配的总延误成本；M 是一个足够大的正数；α 为调节因子。可见在一定的 α 水平下，当 $G > \alpha$ 时，对目标函数进行惩罚，以确保满足 α 的公平性约束，然后按照单目标优化方法进行求解。

目前国内外研究中还没有基于航空公司–成本的分配模型与算法，本小节只分析本书建立的模型的分配结果。具体结果如图 5.12 和图 5.13 所示。

通过对图 5.12 和图 5.13 的分析，可以得到以下结论：

（1）在图 5.12 中，随着调节因子的增加，基尼系数 G（图中虚线）增大，总延误成本（图中实线）逐渐减少。这说明随着调节因子的增加，公平性逐渐削弱，效率性逐渐加强。

（2）在图 5.13 中，当 $\alpha = 0.015$，$G = 0.011\ 7$ 时，各航空公司的延误成本分配得比较均匀，说明基尼系数越小，越能满足公平性要求。

（3）效率性和公平性不能同时达到性能最优，需要在两者之间进行均衡。

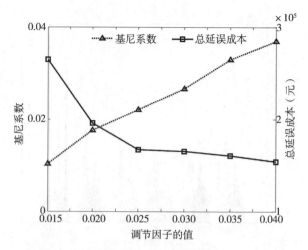

图 5.12　基尼系数与总延误成本随调节因子的变化趋势

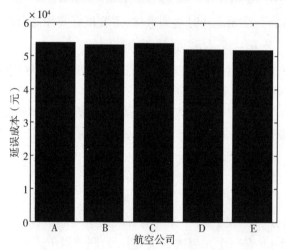

图 5.13　各航空公司延误成本($\alpha=0.015$)

第6章

基于多目标优化的集权式 时隙分配研究

在第 5 章的研究中,流量管理部门和航空公司的决策目标是一致的,但是航空公司的决策目标往往与流量管理部门的决策目标不一致,因此需要考虑多目标的情况。在本章的研究中,所有的航空公司被看作一个整体,具有同一个决策目标,流量管理部门可以将该决策目标作为自身的辅助决策目标,所以依然属于集权式的时隙分配。本章首先介绍多目标优化理论;接着阐述航空公司的决策目标;然后建立多目标优化分配模型,并采用改进的人工鱼群算法求解模型;最后进行算例分析。

6.1 多目标优化的相关概念

本节从多目标优化问题描述、帕累托最优性和多目标优化方法这三个方面来阐述多目标优化的相关概念。

6.1.1 多目标优化问题描述

多目标优化问题(Multi-objective Optimization Problem,MOP)就是具有多个目标的决策问题,并且这些决策目标往往是相互冲突的。MOP 的一般形式为

$$\min[f_1(\boldsymbol{x}),f_2(\boldsymbol{x}),\cdots,f_k(\boldsymbol{x})] \text{ 或 } \max[f_1(\boldsymbol{x}),f_2(\boldsymbol{x}),\cdots,f_k(\boldsymbol{x})] \tag{6.1}$$

$$h_i(\boldsymbol{x})=0,i=1,2,\cdots,m \tag{6.2}$$

$$g_j(\boldsymbol{x})\leqslant0 \text{ 或 } g_j(\boldsymbol{x})\geqslant0,j=1,2,\cdots,n \tag{6.3}$$

其中,$\boldsymbol{x}=[x_1,x_2,\cdots,x_p]^{\mathrm{T}}$ 为决策向量;$f_k(\boldsymbol{x})$ 表示第 k 个目标函数。式(6.2)表示 m 个等式约束。式(6.3)表示 n 个不等式约束。

通常情况下,一些决策目标的性能改善会造成另一些决策目标的性能恶化,各决策目标不能同时达到各自的最优值。各目标之间没有共同的度量标准,各自具有不同的量纲、不同的物理意义,无法进行定量比较,不能简单地引入调节因子进行均衡调节。

6.1.2　帕累托最优性

MOP 一般能得到一组最优解集,而不是单个解,并且这些解之间无法进一步比较相互间的优劣性,这就是帕累托于 1896 年提出的帕累托最优性。以最大化为目标的 MOP 为例,帕累托最优性的数学描述为:若不存在矩阵向量 x,满足

$$f_i(x) \leq f_i(x^*), i = 1, 2, \cdots, k, 且 \ \exists f_j(x) < f_j(x^*), j \in \{1, 2, \cdots, k\} \quad (6.4)$$

则称 x^* 具有帕累托最优性。

满足帕累托最优性的"最优解"往往不是单个解,这些解组成的集合称作非劣解集(Pareto Solutions Set)或非受控解集(Nondominated Solutions Set),非劣解对应的目标值在目标空间中称为非劣点,帕累托最优解集在优化目标空间构成的分布称作非劣解前沿(Pareto Front)。帕累托最优性理论为各目标函数间存在相互竞争关系的多目标优化问题提供了有效的解决方法,因此得到了广泛的应用。

6.1.3　多目标优化方法

早期的多目标问题实质上都是将多目标优化问题转化成单目标优化问题,然后采用比较成熟的单目标优化方法来进一步解决。这类方法主要有加权法、约束法、目标规划法等。传统的多目标优化方法存在以下几个缺点:只能得到一个最优解;各目标之间没有共同的度量标准,无法进行定量比较;加权值的分配带有较强的经验性和较大的主观性;加权的目标函数之间通过决策变量相互制约,拓扑结构十分复杂;难以获得帕累托非劣解集,这是最主要的。

为了消除传统多目标优化方法的弊端,近年来遗传算法、蚁群算法和粒子群算法等人工智能算法被用于寻找帕累托最优解集,在计算结果的准确性和执行效率的快速性上取得了良好的应用效果。

6.2
航空公司决策目标

本节研究的航空公司的决策目标包括航班正点率和旅客延误时间,下面分别进行阐述。

6.2.1　航班正点率

本小节从概念和计算两个方面来阐述航班正点率。

6.2.1.1　概念

根据《民航航班正常统计办法》的规定,符合以下条件的航班为正常(正点)

航班:

(1)在班期时刻表公布的离站时间后 15 min 之内正常起飞。

(2)在班期时刻表公布的到达时间开客舱门。

以 2019 年为例,全国客运航班的正点率为 81.65%,在不正常航班中,天气原因占 46.49%,航空公司自身(包括公司计划、工程机务、运输服务和空勤人员)原因占 18.91%,空管原因(含流量原因)1.43%,其他原因占 33.17%,如图 6.1 所示。通过调整航空公司的航班计划可以进一步提高航班正点率,同时,虽然天气原因难以人为控制,但是通过航空公司和流量管理部门的协同,依然能够有效提高航班正点率。

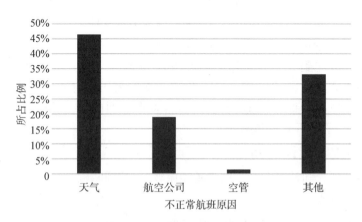

图 6.1 造成延误的原因分类

航班正点率是航空公司十分关注的一个决策目标。提高航班正点率对于航空公司有着十分重要的意义,表现如下:

(1)保障经营权。我国民用航空局为保障航班正常,将航空公司的航班正点率与其航线(航班)经营权挂钩,并采取了航班正点率逐步与航权和时刻安排挂钩等举措。

(2)减少成本损失。一架次航班的延误可能会使后续更多的航班延误,如此造成恶性循环,给航空公司带来大量的成本损失。航班延误的直接和间接成本通常占收入的 0.6%~2.9%,正点率高的航空公司往往相对盈利相对较高。

(3)减少投诉率。尽管有很大一部分航班延误是由空域拥堵、空管操作和机场服务造成的,但旅客最终抱怨的仍是航空公司。航空公司应重视旅客投诉,避免衍生出更多矛盾。

(4)提高客座率。飞机能否按时起降是旅客关注的焦点,航班正点率逐渐成为旅客购买机票、选择航空公司和航班的一个重要参考数据。

(5)增强本公司的竞争力。通过提高航班正点率能够提高公司的信誉,扩大市场份额,自然就能增强本公司的竞争力。

事实上,航班正点率是一个综合性衡量因素,不但是衡量航空公司运营保障效率和水平的主要标准,同时也是机场航班服务保障工作的综合体现。因此,本章将航班正点率作为一个决策目标进行研究。

6.2.1.2　计算

航班正点率目标的计算公式如下:

$$f_1(x) = \max \sum_{i=1}^{|F|} \sum_{j=1}^{|S|} c_i x_{ij} \tag{6.5}$$

$$c_i = \begin{cases} -M, t_j - OSTA_i < 0 \\ M, t_j - OSTA_i \leqslant 15 \\ \max(l_i' - (t_j - OSTA_i), 0), \text{其他} \end{cases} \tag{6.6}$$

其中,$|F|$ 表示航班数量。$|S|$ 表示时隙数量。c_i 表示航班 f_i 的延误损失系数。当航班 f_i 分配到太早的时隙而不可用时,延误系数为 $-M$(M 为足够大的正数);当航班 f_i 正点时,延误系数为 M。l_i' 表示航空公司设定的最大延误时间。当航班 f_i 分配给时隙 s_j 时,$x_{ij}=1$,否则,$x_{ij}=0$。需要说明的是,这里的目标函数寻求最大化,这是为了以后分析和编程方便。

6.2.2　旅客延误时间

本小节从概念和计算两个方面来阐述旅客延误时间。

6.2.2.1　概念

传统的航班延误时间并不能准确反映出旅客的延误时间(Passenger Delay Time),特别是对一些高端商务旅客,航班延误给他们造成的损失会远远高于航班本身的延误损失。

旅客延误时间指标可认为是从旅客角度评估航班的正点率,关乎旅客对航班、航空公司以及机场的选择,与旅客满意度、航空公司品牌效应紧密联系,最终将会影响航空公司的利润。因此,研究旅客延误时间对于航空公司来说是非常必要的。

6.2.2.2　计算

旅客延误时间目标的计算公式如下:

$$f_2(x) = \min \sum_{i=1}^{|F|} PD(i) \tag{6.7}$$

其中,$PD(i)$ 表示航班 f_i 的旅客延误时间。

导致旅客延误的原因主要是航班的延误和取消,$PD(i)$ 的具体计算如下:

(1)若航班 f_i 取消,需要将旅客转移到本公司的其他可用航班,则航班 f_i 的旅客延误时间按式(6.8)计算:

$$PD(i) = \sum_{j=1}^{n} p_j(t_j - OSTA_i) \tag{6.8}$$

其中,p_j 表示从航班 f_i 转移到航班 f_j 的旅客人数;t_j 表示分配的时隙 s_j 的开始时间;$OSTA_i$表示航班f_i的时刻表时间;n表示用来转移航班f_i上旅客的其他航班的数量。

例如,航班f_1取消,其载客量为100人,时刻表到达时间为10:00,航班f_2、f_3、f_4为可转移的同公司的航班,分别有35、40、40个空座位,时刻表到达时间分别为10:30、11:20以及12:00,此时先将35名乘客转移到航班f_2,然后转移40名乘客到航班f_3,最后将剩余的25名乘客转移到航班f_4。据此计算的航班f_1的旅客旅行延误时间$PD(1)$为:$PD(1)=35×30+40×80+25×120=7\,250$ min。

(2)若航班f_i延误,则航班f_i的旅客延误按式(6.9)计算:

$$PD(i) = n_i(t_j - OSTA_i) \qquad (6.9)$$

其中,n_i表示航班f_i的载客量。

6.3 多目标优化模型

本节首先建立多目标优化模型,然后应用改进的人工鱼群算法求解模型。

6.3.1　建立模型

在集权式分配方式中,决策目标都是通过所有航班的分配结果从整体上来体现的。在本小节,所有的航空公司被看作一个整体,这个整体具有同一个决策目标,所以本小节所描述的多目标,是指由流量管理部门的目标(减少延误成本)和航空公司决策目标之一组成的多目标,而不考虑3个同时组合成多目标的情况。至于既考虑航空公司 A 的航班正点率目标,同时又考虑航空公司 B 的旅客延误时间目标的情况难以在集权式分配方式中很好地处理,将会在后续分布式分配方式中进行研究。

流量管理部门的决策目标是减少延误成本,计算公式为

$$f_3(x) = \min \sum_{i=1}^{n} \sum_{j=1}^{n} a_i(t_j - OSTA_i)x_{ij} \qquad (6.10)$$

其中,a_i表示航班的延误损失系数。这样,流量管理部门和航空公司组成的多目标优化模型的数学描述为

$$F_1(x) = \min\{-f_1(x), f_3(x)\} \text{ 或 } F_2(x) = \min\{f_2(x), f_3(x)\} \qquad (6.11)$$

约束条件:

$$\sum_{s_j \in S_{f_i}} x_{ij} = 1, \forall f_i \in F \qquad (6.12)$$

$$\sum_{f_i \in F} x_{ij} = 1, \forall s_j \in S \qquad (6.13)$$

$$x_{ij} = \{0,1\}, i = 1,2,\cdots,n, j = 1,2,\cdots,n \qquad (6.14)$$

其中,除式(6.10)中的a_i表示航班f_i延误损失系数外,其余参数与式(6.5)~

式(6.9)的相同。在式(6.11)中,由于是以最小化为目标,所以将航班正点率目标 $f_1(x)$ 前面加了负号。

6.3.2 求解模型

对于多目标优化模型,依然可以采用人工鱼群算法来求解。为了寻求帕累托最优解集,将帕累托最优性理论引入人工鱼群算法,求得一系列帕累托最优解,即帕累托最优解集。帕累托最优解集中的每一个解不存在相互支配关系,可以从帕累托最优解集中寻求最终的满意解。为了达到这一目的,需要对人工鱼群算法做相应的改进,主要体现在生成可行解、目标值计算以及帕累托最优解集保留策略上。

6.3.2.1 生成可行解

由于在时隙分配问题中存在有效性约束,即航班不能分配到比时刻表计划时间还要早的时隙,如果随机产生人工鱼的种群,就会在整个鱼群中存在较多的不可行解。这些不可行解不仅违反了约束条件,也增加了算法的计算量,需要予以排除。排除不可行解或者说生成可行解的关键在于单条人工鱼的构造。

在单目标优化中,人工鱼的构造是随机的,在不断进化的过程中通过罚函数来排除不可行解。但是在多目标优化中,难以确定给哪个目标函数加上罚函数,并且引入罚函数会增加计算量,因而罚函数在多目标优化中是不适用的,需要在构造人工鱼的时候就排除不可行解。可行解的生成需要从以下两个方面考虑:

(1)人工鱼的初始化。在单条人工鱼中,给航班 f_i 分配时隙的时候,先从航班 f_i 的可用时隙集合 S_{f_i} 中选择一个时隙,然后判断该时隙是否已经被分配出去,若已经被分配出去,则重新在 S_{f_i} 中选择一个时隙继续判断,直到为航班 f_i 分配到可用的时隙。

(2)人工鱼的进化。在人工鱼的进化过程中,如采取聚群、追尾行为时,也可能会产生不可行解。此时,依然要对每一条人工鱼按照初始化的方法,保留可行解,删除不可行解并重新寻找可行解。

6.3.2.2 目标值计算

本小节采用适应性权重方法(Adaptive Weight Approach)来计算人工鱼群算法中的目标值,如式(6.15)和式(6.16)所示。

$$w_k = \frac{1}{\max f_k(\boldsymbol{x}) - \min f_k(\boldsymbol{x})} \tag{6.15}$$

$$F(\boldsymbol{x}) = \sum_{k=1}^{K} w_k [f_k(\boldsymbol{x}) - \min f_k(\boldsymbol{x})] \tag{6.16}$$

其中,w_k 表示第 k 个决策目标的权重,它根据适应度值的变化而变化;$f_k(\boldsymbol{x})$ 表示针对人工鱼 $\boldsymbol{x}$ 的第 k 个决策目标值;$\max f_k(\boldsymbol{x})$ 和 $\min f_k(\boldsymbol{x})$ 分别表示这一代(同一个种群)人工鱼群中第 k 个决策目标的最大值和最小值;$F(\boldsymbol{x})$ 表示针对人工鱼 $\boldsymbol{x}$

的综合目标值。

式(6.15)和式(6.16)实际上就是把不同数量级的决策目标统一转化成无量纲的数值,这样才更容易进行比较,而且总体目标值表现较优的个体能够获得更多参与进化的机会。

6.3.2.3　帕累托最优解集保留策略

第一代进化产生的最好的 m 个解作为现有非劣解集,保存在集合 U 中,m 的大小由多目标问题的特性和需要的非劣解数量要求确定。之后将每一代进化所产生的最好的一系列解与 U 非劣解集根据式(6.4)进行比较,用所产生的更好的解代替原有的劣解,保存在 U 中,计算结束时所得到的 U 就是算法中产生的最好的非劣解集。这样就可以根据需要从 U 中选择合适的分配结果。

6.3.2.4　改进的人工鱼群算法过程

针对时隙分配这一具体问题,对第5章描述的人工鱼群算法做相应的改进,其过程简要描述如下:

(1)初始化。随机产生初始的人工鱼群,并进行有效性判断,剔除不可行解,保留可行解。

(2)目标值计算。对于每条人工鱼,根据各个决策目标,分别计算对应的目标值,然后根据式(6.15)和式(6.16)计算每条人工鱼的综合目标值。

(3)按照式(6.4)对各个决策目标值进行比较,更新帕累托最优解集 U。

(4)鱼群进化。通过聚群、追尾和随机行为,鱼群朝向优势综合目标值方向进化。在此过程中,依然要进行有效性判断,剔除不可行解,保留可行解。

(5)不断重复上述步骤,直到满足算法终止条件。

6.4

算例分析

本节研究三种多目标优化算例。第一种是航班延误成本和正点航班数组成的多目标优化[用 $F_1(x)$ 表示],第二种是航班延误成本和旅客延误时间组成的多目标优化[用 $F_2(x)$ 表示],第三种是效率性和公平性组成的多目标优化[用 $F_3(x)$ 表示]。算例的相关初始数据如表6.1所示,实际可用时隙的长度为 4 min。

表 6.1　航班的相关参数

航班	航空公司	机型	最大载客量(人)	OSTA	航班	航空公司	机型	最大载客量(人)	OSTA
1	A	M	130	1 030	11	E	H	228	1 050
2	A	H	225	1 032	12	E	L	54	1 052
3	B	H	200	1 034	13	C	H	375	1 054
4	C	M	179	1 036	14	D	H	228	1 056
5	D	L	50	1 038	15	B	M	147	1 058
6	B	H	300	1 040	16	C	H	216	1 110
7	A	M	120	1 042	17	E	L	31	1 112
8	A	H	214	1 044	18	E	M	104	1 114
9	B	M	157	1 046	19	D	M	125	1 116
10	C	M	175	1 048	20		H	232	1 118

6.4.1　多目标 $F_1(x)$ 优化算例分析

本小节的算例按照航班机型分组来计算航班的延误成本。与第 5 章相同,假设轻型(L)、中型(M)和重型(H)飞机的单位延误成本分别为 100 元、500 元和 1 300 元,帕累托解集的个数取 5。本小节算例中只得到 2 个帕累托解,对应的人工鱼(分配的时隙编号)分别为:

方案 1:[1,3,2,16,18,4,14,5,17,15,6,19,7,8,10,9,20,12,13,11]

方案 2:[1,3,2,15,20,4,17,5,16,9,6,19,7,8,11,10,18,12,13,14]

多目标 $F_1(x)$ 优化的具体结果如表 6.2 所示。

表 6.2　多目标 $F_1(x)$ 优化与 RBS 算法结果对比

优化方案	航班延误成本 (较 RBS 算法减少百分数)	正点航班数 (较 RBS 算法增加百分数)
RBS 算法	299 600 元	8 架次
多目标优化方案 1	141 200 元(52.9%)	13 架次(62.5%)
多目标优化方案 2	154 000 元(48.6%)	14 架次(75%)

通过比较方案 1 与方案 2 可知,航班延误成本减少,正点航班的数量也减少,这就说明这两个决策目标不能同时达到最优。无论是方案 1 还是方案 2,其结果较 RBS 算法结果都有显著改善。

让航班延误损失系数 a_i 较高的航班尽可能准点,这就使航班延误成本与航班正点率决策目标在某种程度上具有相似的发展趋势,并不是完全对立的,加上本小节算例的规模较小,这就导致只获得了 2 个帕累托解。如果只考虑航班延误成本单个决策目标,则最优延误成本为 141 200 元;如果只考虑正点航班数单个决策目标,则有 14 架次航班可以正点。所以,本小节所得到的帕累托解是两种极限情况。

6.4.2　多目标 $F_2(x)$ 优化算例分析

假设所有航班平均载客率为 85%,没有航班取消。对多目标 $F_2(x)$ 进行算例仿真,最终只得到一种分配结果[1,2,3,10,19,4,16,5,13,12,6,18,7,8,14,9,20,17,15,11],而不是一组帕累托解集。具体结果如表 6.3 所示。

表 6.3　多目标 $F_2(x)$ 优化与 RBS 算法结果对比

优化方案	航班延误成本 (较 RBS 算法减少百分数)	旅客延误时间 (较 RBS 算法减少百分数)
RBS 算法	299 600 元	55 352 min
多目标优化方案	141 200 元(52.9%)	34 604 min(37.5%)

航班延误成本最重要的参数是延误损失系数 a_i,旅客延误时间最重要的参数是载客量 n_i,无论是 a_i 还是 n_i,都与航班机型密切相关,越大型的航班,a_i 和 n_i 就越大。由于本小节假设航班平均载客率相同且利用航班机型分组来计算航班的延误成本,所以 a_i 和 n_i 具有完全相同的变化趋势,导致航班延误成本和旅客延误时间这两个决策目标也具有完全相同的变化趋势,因此只能获得一个最优解,可利用单目标优化方法来解决。

6.4.3　多目标 $F_3(x)$ 优化算例分析

效率性和公平性通常是一对矛盾体,从理论上来说,具有相反的发展趋势。在本小节的算例中,效率性用航班延误成本来表示,公平性目标依然采用 5.5 小节中式(5.18)~式(5.23)所建立的基尼系数来体现,从而建立的多目标如式(6.17)所示:

$$F_3(x) = \min\{G, f_3(x)\} \tag{6.17}$$

其中,G 是基尼系数,表示公平性;$f_3(x)$ 是延误成本,表示效率性。

在单目标优化的研究中,通过引入调节因子 α 来均衡效率性与公平性,但是当对多目标问题本身的信息不够清楚的情况下,如多目标数值不在同一个数量级等,调节因子 α 设置的参数值可能不够合理,从而影响优化的精度。本小节应用多目标优化方法,得到的效率性与公平性目标的部分帕累托解集构成的帕累托前沿,如图 6.2 所示。

从图 6.2 可以清楚地看出,随着基尼系数的增加,航班延误成本减少,这说明在公平性减弱的同时,效率性在加强,两者具有相反的发展趋势,难以同时达到最优。此外,多目标优化的帕累托解集中在偏离极值点区域,可认为是满足公平性与效率性的均衡解。决策者可根据需要从帕累托解集中选择一个解作为最终的分配结果。

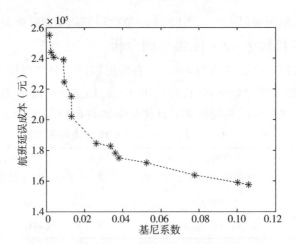

图 6.2　效率性与公平性随基尼系数的变化趋势

第 7 章

基于博弈的分布式
时隙分配研究

在集权式时隙分配方式下,航空公司不参与决策过程,最终的分配结果难以真正满足航空公司的决策目标。在分布式分配方式下,航空公司可根据本公司的决策目标,通过时隙交换和时隙交易等手段,调整本公司航班时隙分配方案,流量管理部门通过对空中交通整体态势的评估做出同意或者拒绝的决定。时隙交换用时隙交换时隙,并不涉及货币转移;时隙交易除用时隙交换时隙之外,还涉及货币转移。本章针对分布式的时隙交换形式,首先介绍了博弈理论的相关概念,然后建立了单目标和多目标的博弈模型,并提出了求解方法,最后进行算例分析。

7.1 博弈理论的相关概念

本节首先介绍博弈的定义、因素和分类,然后阐述时隙分配中的两种博弈关系。

7.1.1 博弈的定义

根据肖条军的观点,博弈(Game)是指一些人、团队或其他组织,面对一定的环境条件,在一定的约束条件下,依靠所掌握的信息,同时或先后,一次或多次,从各自可能的行为或策略中进行选择并实施,各自取得相应结果或获得相应收益的过程。

7.1.2 博弈的因素

规定或定义一个博弈涉及以下几方面因素:

(1)参与方(Player),在所定义的博弈中独立决策、独立承担结果的个人或组织。参与方以实现自身利益最大化为目标。组织要在博弈中统一决策、统一行动、统一承担结果。

（2）策略（Strategy），参与方选择行动的规则，它告诉参与方在什么条件下采取什么行动。在不同的博弈中可供参与方选择的策略或行为的数量很可能不同，即使在同一博弈中，不同参与方的可选策略或行为也常不同，有时只有有限的几种，甚至只有一种，而有时又可能有许多种，甚至无限多种。

（3）信息（Information），参与方在博弈中所掌握的对选择策略有帮助的知识，特别是有关其他参与方的特征和行动的。信息对于博弈参与方至关重要。掌握信息的多少将直接影响到决策的准确性，从而关系到整个博弈的成败。有经验的博弈参与方会尽可能多地收集博弈信息，从而在采取策略进行决策时掌握主动权。

（4）次序（Sequence），博弈参与方做出策略选择的先后顺序。在现实的各种决策活动中，当存在多个独立决策方进行决策时，有时候这些参与方必须同时做出选择，因为这样能保证公平，而很多时候各参与方的决策又必须有先后之分，在一些博弈中每个参与方还要做不止一次的决策选择，这就免不了有一个次序问题。因此，规定一个博弈就必须规定其中的次序，不同的次序必然是不同的博弈。

（5）收益（Payoff），对应于各参与方的每一组可能的决策选择，博弈都有一个结果（Outcome）表示各参与方在该策略组合下的所得与所失。由于对博弈结果的评判分析只能通过对数量大小的比较来进行，因此博弈的结果必须本身是数量或至少可以量化为数量。结果无法量化为数量的决策问题不能放在博弈论中研究。把博弈中各种可能结果的量化数值称为博弈中各参与方在相应情况下的收益。值得注意的是，虽然各参与方在各种情况下的收益是客观存在的，但这并不意味着各参与方都充分了解其他参与方的收益情况，在许多博弈中存在某些参与方对其他参与方的收益无法了解的情况。

（6）均衡（Equilibrium）与纳什均衡（Nash Equilibrium），均衡是所有参与方的策略组合，纳什均衡是所有参与方的最优策略组合。纳什均衡一般记作

$$s^* = (s_1^*, \cdots, s_n^*) \tag{7.1}$$

其中，s_i^* 是第 $i(i=1,\cdots,n)$ 个参与方在均衡情况下的最优策略，它是指参与方 i 的所有可能的策略中使收益最大化的策略。

上述的前五个因素是定义一个博弈时必须首先设定的，确定了这几个因素也就确定了一个博弈。博弈论就是系统研究用上述方法定义的各种各样的博弈问题，寻求在各参与方合理选择策略的情况下博弈的解，也就是式（7.1）所示的纳什均衡。

7.1.3 博弈的分类

博弈可从三个角度进行分类。

（1）按照参与方采取行动的先后顺序进行分类，博弈可以划分为静态博弈

(Static Game)和动态博弈(Dynamic Game)。静态博弈是指在博弈中参与方同时选择,或者虽非同时选择但后行动者并不知道先行动者采取了什么具体行动。动态博弈也称为序贯博弈,是指在博弈中参与方的行动有先后顺序,且后行动者能够观察到先行动者所采取的行动。

(2)按照参与方对其他参与方的了解程度进行分类,博弈可以划分为完全信息博弈(Complete Information Game)和不完全信息博弈(Incomplete Information Game)。完全信息博弈是指在博弈过程中每位参与方对其他参与方的特征、策略空间及收益函数都有准确的信息。如果至少有一个参与方对其他参与方的特征、策略空间及收益函数信息了解得不够准确或者不是对所有参与方的特征、策略空间及收益函数都有准确的信息,在这种情况下进行的博弈就是不完全信息博弈。

根据上述分类,博弈可以分为四类,具体如表 7.1 所示。

表 7.1 博弈的分类

分类	是否同时决策	对其他参与方的信息了解	均衡点名称
完全信息静态	是	各参与方知道其他参与方的准确收益	纳什均衡
完全信息动态	否	各参与方知道其他参与方的准确收益	子博弈精炼纳什均衡
不完全信息静态	是	各参与方不完全了解其他参与方的准确收益	贝叶斯纳什均衡
不完全信息动态	否	各参与方不完全了解其他参与方的准确收益	精炼贝叶斯纳什均衡

(3)按照参与方之间是否合作进行分类,博弈可以划分为合作博弈(Cooperative Game)和非合作博弈(Non-cooperative Game)。合作博弈是指参与方之间有一个对各参与方均具有约束力的协议,参与方在协议范围内进行的博弈。反之,就是非合作博弈。

7.1.4 时隙分配中的博弈

在 RBS 算法初始分配之后,每家航空公司都被分配到了若干个时隙。航空公司为了尽可能达到自身的决策目标,根据策略方案,通过时隙交换等手段去争夺有限的时隙资源。各家航空公司的策略方案相互依存,在冲突或者合作后所实现的收益结果不仅取决于本公司的策略方案,同时也依赖于其他航空公司的策略方案,最终的结果达到了某种均衡状态。

由此可见,时隙的交换是各家航空公司之间的博弈过程,加上流量管理部门对这一过程的监督和管理,这就使流量管理部门和航空公司之间产生了错综复杂的利益冲突,从而形成了两种博弈关系。

(1)流量管理部门和航空公司之间的博弈关系。流量管理部门希望在保证安全的前提下,从整体上减少延误时间或者延误成本;航空公司则希望满足本公司的决策目标,如航班正点率、旅客延误时间等。两者有不同的决策目标,必定会产生利益冲突,两者都在为实现自身的利益而努力。

(2)各家航空公司之间的博弈关系。各家航空公司为了各自的利益,去争夺有限的时隙资源。当满足某家航空公司的利益时,往往会损害其他一家或多家航空公司的利益。

基于序贯博弈的模型与算法

初始分配之后,各家航空公司的航班按照 RBS 算法分配的时隙都有先后顺序。这一顺序作为一种航班优先权的表征,优先权高的航班所属航空公司优先做出决策,优先权低的航班所属航空公司后做出决策,所以这是一个序贯博弈的过程,这一动态过程也体现了基于航班优先权的公平性。

本节首先给出基于序贯博弈时隙分配模型的假设条件和博弈原则,然后建立序贯博弈模型并分析决策顺序的影响,最后提出求解模型的算法。

7.2.1　假设条件与博弈原则

本小节介绍模型的假设条件和博弈原则。

7.2.1.1　假设条件

在时隙分配过程中,假设条件有以下几点:

(1)序贯理性(Sequential Rationality),即不论过去发生了什么,航空公司应该在博弈的每一个决策点上选择最优化自身利益的决策。

(2)各家航空公司之间不存在联盟,属于非合作博弈。在时隙分配问题中,各家航空公司是相互竞争的对手,非合作的假设也符合实际情况。

(3)完全且完美信息博弈。航空公司都真实报告自身的收益函数。航空公司在进行决策时,对之前做出决策的所有航空公司的策略、行动以及收益情况完全清楚。

(4)在博弈过程中,仅仅是用时隙交换等量的时隙,并不涉及货币转移。

7.2.1.2　博弈原则

在时隙分配过程中,有以下博弈原则:

(1)个体理性(Individual Rationality,IR)。每家航空公司所采取的策略或者行为都是以最大化本公司收益,并且参与博弈所获得的收益不少于不参与博弈所获得的收益为目标。执行完 RBS 算法之后,每一架次航班都获得了一个时隙,将 RBS 算法分配的结果作为各航空公司的保留收益。只有当参与时隙交换所获得收益高于保留收益时,航空公司才会积极参与时隙交换过程,这样不仅保证了 IR 的实现,也在一定程度上保证了公平性。

(2)优势策略(Dominant Strategy,DS)。无论其他航空公司选择什么策略,本公司的某个策略带来的收益总是高于或者至少不低于其他策略带来的收益,这样的一个策略就称为优势策略。如果所有的航空公司都采取了优势策略,那么系统整体的收益也就达到了最大化。

（3）帕累托效率。增加一家航空公司的收益往往会导致另一家航空公司的收益减少，这样的分配结果是帕累托最优的，这是实现效率性与公平性的终极目标。

（4）防策略（Strategy Proofness，SP）。不管其他航空公司报告的信息是否真实，本公司通过报告真实信息就能获得最优结果。假设所有航空公司都真实地报告自身的收益函数，满足防策略的原则。

上述原则中，个体理性和优势策略体现了效率性；帕累托效率和防策略体现了公平性。

7.2.2　序贯博弈模型

本小节通过三元组（参与方、顺序、收益）来建立时隙分配的序贯博弈模型。

（1）参与方，即参与时隙分配的航空公司。

（2）顺序，即航空公司按照目标时隙的顺序进行决策，目标时隙顺序将在下一小节介绍。

（3）收益，即航空公司对于博弈结果的得与失的评价。由于航空公司的决策目标不同，所以它们的收益函数也是不同的，即便是同一航空公司，在不同的决策节点的收益函数也可能不同。具体的收益函数根据具体的决策目标而定。

7.2.2.1　单目标模型

本小节用博弈结果相对于 RBS 算法结果所节省的时间（将 RBS 算法的结果作为各家航空公司的保留收益）作为每一个非取消的航班 f_i 的收益，所以航空公司都是以减少延误时间为决策目标，如式（7.2）所示。

$$u(f_i, t_j) = \begin{cases} t_i - t_j, t_i \geq t_j \geq e_i \\ -M, \text{其他} \end{cases} \tag{7.2}$$

其中，M 是一个足够大的正数，e_i、t_i、t_j 分别表示航班 f_i 的最早可用时隙开始时间、RBS 算法分配的时隙开始时间以及博弈结果分配的时隙开始时间；$u(f_i, t_j)$ 表示将航班 f_i 分配给 t_j 获得的收益。

每一家航空公司的决策目标为

$$u(A) = \max \sum_{f_i \in F_A} u(f_i, t_j), \forall A \in A' \tag{7.3}$$

其中，A 表示航空公司，A' 表示所有航空公司的集合，F_A 表示航空公司 A 的航班集合，$u(A)$ 表示航空公司 A 的收益。

至此可以建立模型的目标函数：

$$u(A') = \max \sum_{A \in A'} u(A) \tag{7.4}$$

约束条件：

$$u(A) \geq 0, \forall A \in A' \tag{7.5}$$

$$\sum_{s_j} x_{ij} = 1, \forall f_i \in F \tag{7.6}$$

$$\sum_{f_i} x_{ij} \leqslant 1, \forall s_j \in S \tag{7.7}$$

其中，$u(A')$ 表示所有航空公司的收益。式（7.4）表示所有航空公司的整体收益最大化，体现效率性；式（7.5）体现出个体理性原则和公平性；式（7.6）和式（7.7）表示时隙分配有效性约束。

7.2.2.2　多目标模型

第 6 章研究了航空公司的多种决策目标，但是在第 6 章中假设所有航空公司同时只能有同一个决策目标。本小节将研究不同航空公司可以同时具有不同的决策目标的情况，在对这些决策目标进行计算时，不考虑保留收益，只对最终的分配结果与保留收益做比较。具体的计算公式如式（7.8）~式（7.10）所示。

（1）延误成本目标收益：

$$u_1 = a_i(t_j - OSTA_i) \tag{7.8}$$

其中，a_i 表示航班 f_i 延误损失系数；$OSTA_i$ 表示航班 f_i 的时刻表初始计划着陆时间；t_j 表示分配到的时隙 s_j 的开始时间。

（2）航班正点率收益：

$$u_2 = \begin{cases} -M, & t_j - OSTA_i < 0 \\ M, & t_j - OSTA_i \leqslant 15 \\ -(t_j - OSTA_i), & \text{其他} \end{cases} \tag{7.9}$$

当航班 f_i 分配到太早的时隙而不可用时，延误系数为 $-M$（M 表示足够大的正数）；当航班 f_i 正点时，延误系数为 M，其余参数同式（7.8）。

（3）旅客延误时间收益：

$$u_3 = n_i(t_j - OSTA_i) \tag{7.10}$$

其中，n_i 表示航班 f_i 的载客量，其余参数同式（7.8）。

这样，航空公司就可以根据自身的决策目标，按照式（7.8）~式（7.10）建立多目标模型。

7.2.3　决策顺序

在序贯博弈中，决策顺序会影响最终的结果，所以求解模型时必须首先明确决策的顺序。在时隙再次分配过程中，决策顺序是多种多样的，本小节采用目标时隙的决策顺序。目标时隙，就是航空公司期望本公司航班所分配到的时隙，且该时隙属于本公司，目标时隙可由航空公司自主设定，提高了航空公司的决策能力。目标时隙的设立是为了补偿航空公司取消航班的决策，使该航空公司的航班能够被优先分配时隙。每一架次航班都有且仅有一个目标时隙，每一个时隙最多只能作为一架次航班的目标时隙。目标时隙反映了航空公司使用时隙的优先级别，体现了一定程度的公平性。目标时隙的数学描述为

对于任意的非取消航班 $f_i \in F_A$,定义目标时隙的映射 g 为

$$g : F \rightarrow S,\ 当\ O(f_i) = A,\ 则\ g(f_i) \in S_A \qquad (7.11)$$

其中,F_A 表示航空公司 A 的航班集合;F 是所有航班集合,S 是所有时隙的集合;S_A 表示初始分配后,分配给航空公司 A 的时隙集合;$g(f_i)$ 表示航班 f_i 的目标时隙。由此可得到一种目标时隙分配结果,如图 7.1 所示。

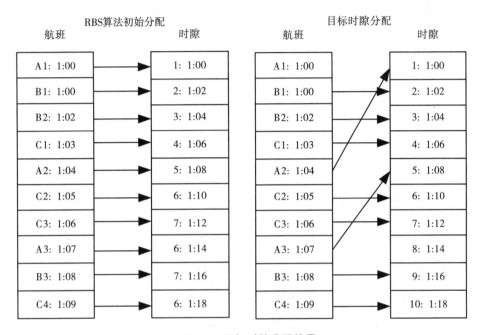

图 7.1 目标时隙分配结果

在图 7.1 中,当航班 A1 取消后,时隙 1 空闲,很自然地 A2 的目标时隙为时隙 1 (虽然时隙 1 对于 A2 来说太早而无法使用),A3 的目标时隙为时隙 5,其余航班的目标时隙就是 RBS 算法初始分配的时隙。所以当航班 A1 取消时,决策顺序为 (A2,B1,B2,C1,A3,C2,C3,B3,C4),对于航空公司来说就是(A,B,B,C,A,C,C,B,C)。

7.2.4 求解算法

针对建立的数学模型,如果采用诸如人工鱼群算法等智能算法求解模型,其分配结果虽然能够满足个体理性以及有效性约束,但是没有考虑序贯决策的顺序,难以保证航班优先权原则的实现,也不能很好地反映博弈的动态过程,最重要的是难以保证帕累托效率的实现。因此,本小节采用逆向归纳法、固定优先权 TTC 算法及动态优先权算法三种方法来求解模型,研究从博弈过程和博弈结果上满足有效性、效率性和公平性。

（1）逆向归纳法

博弈分析的最终目的是获得博弈的最终结果,或者最可能的结果。在同时决

策博弈中,可以通过划线法、箭头指向法等求解纳什均衡的方法来找出最终结果,但是这些方法并不适用于序贯博弈问题。博弈树是对序贯博弈的一种非常直观和有效的描述,在此基础上可采用逆向归纳法(Backward Induction)来寻求序贯博弈的结果。

博弈树由节点和棱组成,节点又分为决策节点和末端节点。决策节点是航空公司做出决策的地方,每一个决策节点都与一个在该决策节点上进行决策的航空公司相对应。每棵博弈树都有一个初始决策节点,这是博弈开始的地方。末端节点是博弈结束的地方,一个末端节点就代表博弈的一个可能的结果,且都与一个收益向量相对应。收益向量以分量的形式给出当博弈沿着导向这个结果的棱进行时,每家航空公司能够获得的收益。

逆向归纳法的一般步骤如下:从序贯博弈的最后一个决策阶段开始分析,确定该决策阶段的航空公司的行动选择,然后确定上一个阶段决策的航空公司的行动。由于逆向归纳法确定的航空公司在各阶段的行动选择都是建立在后续阶段决策的个体理性基础上的,因而排除了不可置信的行动组合,具有较好的稳定性。

由于逆向归纳法的分析过程需要建立博弈树,当参与方和决策阶段比较多时,这一过程是比较繁杂的,使用起来很不方便,所以也可以采用以下两种算法来分配时隙。

（2）固定优先权 TTC 算法

TTC(Top Trading Cycles)算法广泛应用于房间分配(House Allocation)问题中,TTC 算法可以获得唯一的满足帕累托效率、个体理性以及防策略的分配结果。

时隙分配与房间分配存在一些不同之处:航班和时隙根据时间先后顺序都是有优先级别的;每架次航班的可用时隙是有时间限制的;存在航班取消和延误的状况;所有航班都是初始分配后的航班,不存在新进入系统的航班;每家航空公司拥有多架次航班,每家航空公司作为一个参与方,而不是航班;航班取消时,优先考虑本公司内部航班。

本小节将 TTC 算法应用于时隙分配领域,并针对上述的不同之处做相应的改进。用八元组 $(F, S, S_o, S_v, A, P_f^F, P_f^S, \sigma)$ 来表示参数组合:

F 表示所有航班集合。

$S = S_o \cup S_v$,表示所有可用时隙集合;S_o 表示被占用的时隙集合,即已经分配给了航班的时隙,时隙交换之前由于完成了初始分配,所以 $S_o = S$;S_v 表示空闲的时隙集合,时隙交换之前有 $S_v = \varnothing$。S、S_o 和 S_v 在分配过程中是不断变化的。

A 表示所有的航空公司的集合。

P_f^F 表示航班 f 在所有航班中的优先级别。

P_f^S 表示时隙对于航班 f 的优先级别。

σ 表示实现交换之前 $F \rightarrow S$ 的初始映射,可认为是 RBS 算法初始分配的结果。

由于 P_f^F 和 P_f^S 在初始分配之后就已经确定,再次分配过程中不再改变,所以

TTC 算法的航班优先权是固定的。固定优先权 TTC 算法通过构造双向有向图的方式来分配时隙,具体步骤如下:

①初始化。将所有航班按照目标时隙的升序排列,由此确定了 P_f^F;针对没有取消的航班 f,按照航班的收益大小(根据决策目标而定)来确定对于时隙的优先级别,由此也确定了 P_f^S。这样可得到优先权表,且在整个再次分配过程中是不变的。

②按照 P_f^F 的优先级别顺序排列好航班,然后每一架次航班都指向其最期望获得的时隙,即 P_f^S 中的最高级别的时隙。

③每一个 S_o 中的时隙都指向占用它的航班;每一个 S_v 中的时隙都指向可获得该时隙的最高级别的航班,这样构成了有向图。

④由于航班和时隙的数量都是有限的,所以在有向图中必定至少存在一个环,在这个环中航班和时隙是一一对应的。如果航班和其初始分配时隙都在该环中,则将这些航班和时隙移走,转下一步;如果航班的初始分配时隙不在该环中,则将环中的航班和时隙移走,而该航班的初始分配时隙进入集合 S_v,转下一步。也就是说,每一架次航班分配到新的时隙后都要释放目前占用的时隙。

⑤重复上述步骤,直到所有航班都分配了时隙或者所有可用时隙都分配完毕。

(3)动态优先权算法

动态优先权是指在时隙交换过程中,航班的优先权不是固定的,而是变化的。动态优先权算法通过构造闭环的方式来分配时隙,具体算法步骤如下:

①按照目标时隙的顺序,将第一架次航班分配给它所期望的第一个时隙,即收益最大的那个时隙;第二架次航班在余下的时隙集合中分配一个最期望的时隙,以此类推,直到某架次航班 f_i 所期望分配的时隙的所有权归航班 f_j,此时转下一步。

②如果 f_j 已经分配了时隙,则不改变航班原有的优先级;如果 f_j 没有分配时隙,则将 f_j 设置为所有还没有分配的航班中最高优先级,优先分配时隙。

③如果在分配过程中出现了环,则按照环内的航班与时隙的对应关系分配时隙,并将环中所有航班和时隙移出。

④对于剩余的航班和时隙,不断重复上述步骤,直到所有航班都分配了时隙或者所有可用时隙都分配完毕。

7.3 算例分析

本节分别对单目标和多目标情况进行算例分析。

7.3.1　单目标算例分析

本小节首先给出逆向归纳法、固定优先权 TTC 算法以及动态优先权算法的分配结果,然后对比分析这三种算法与 Compression 算法的异同,最后分析决策顺序对于分配结果的影响。

7.3.1.1 Compression 算法分配结果

Compression 算法是目前再次分配中存在航班取消的情况下应用最广的算法。它是在初始时隙分配的基础上,对每一个空闲时隙,将时刻表中的航班前移来填充这些时隙,对时隙进行再分配。当航班取消出现空闲时隙时,不妨设航空公司 A 的某架次航班取消,则在 Compression 算法中航空公司 A 的其他航班优先使用该时隙。如果航空公司 A 的所有航班都无法使用该时隙,则安排其他航空公司的航班使用该时隙,不妨设航空公司 B 的航班 B2 使用该时隙,那么 B2 原先对应的时隙属于航空公司 A。Compression 算法的基本思想是航空公司对于它们释放的时隙应该取得补偿,以鼓励航空公司报告航班取消,其目标是减少延误时间。以图 7.1 中 A、B 和 C 的 3 家航空公司的 10 架次航班为例,假设 A1 取消,Compression 算法的分配结果如图 7.2 所示。

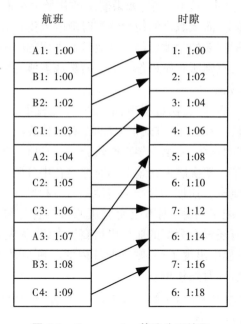

图 7.2 Compression 算法分配结果

如图 7.2 所示,当航班 A1 取消后,时隙 1 空闲,首先考虑航空公司 A 内部的航班。由于航班 A2 和 A3 都不能使用时隙 1(时隙 1 的开始时间早于航班 A2 和 A3 的着陆时间),航班 B1 上移到时隙 1,而 B1 原先分配的时隙 2 属于航空公司 A。由于 A2 和 A3 都不能使用时隙 2,考虑航班 B2 上移到时隙 2(B2 原先分配的时隙 3 属于航空公司 A)。由于 A2 可以上移到时隙 3,则 A2 原先分配的时隙 5 空闲,A3 可以上移到时隙 5,A3 原先分配的时隙 6 空闲。此时,航空公司 A 的航班都已经分配完毕,则航班 B3 和 C4 依次上移。

7.3.1.2 逆向归纳法分配结果

依然以图 7.1 中 A、B 和 C 的 3 家航空公司的 10 架次航班为例,以目标时隙的先后顺序为决策顺序。假设 A1 取消,此时目标时隙顺序为(A2,B1,B2,C1,A3,C2,C3,B3,C4)。当 A2(航空公司 A)决策时,可选择的时隙为 3、4、5,对应的收益分别为 4 min、2 min 和 0 min;B1(航空公司 B)可选择的时隙为 1、2,对应的收益分别为 2 min 和 0 min;B2 可选择的时隙为 2、3,对应的收益分别为 2 min 和 0 min。如果 B1 选择时隙 2 后,而 B2 也选择时隙 2,这是违反时隙分配有效性的,则将此时 B2 的支付为 −M(M 为一个足够大的正数),目的就是删除那些不满足有效性的选择行为。由此建立的博弈树的一部分如图 7.3 所示,图中最后一行括号内容显示的是遵循该决策路径各家航空公司的收益向量。例如,(8,6,4)表示航空公司A、B、C 的收益分别为 8 min、6 min 和 4 min。由于部分行为违反了时隙分配有效性,所以图中并没有画出这些路径。

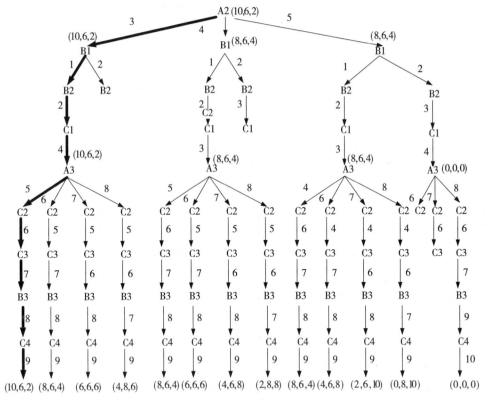

图 7.3　时隙分配的博弈树

如图 7.3 所示,最后一个决策阶段实质上是航空公司 A(对应航班 A3)在做决策时,自然选择有利于自己的结果,其选择的收益结果显示在 A3 旁边;然后上一个决策阶段是航空公司 B(对应航班 B1)在做决策,收益结果显示在 B1 旁边;最后航空公司 A(对应航班 A2)做决策,收益向量为(10,6,2),整体收益为 18 min,行动路径为图 7.3 中最左边的粗线所示,具体分配结果同图 7.2。事实上,(10,6,2)和(8,6,4)都是这个博弈的均衡解,但是由于航空公司 A(对应航班 A2)具有选择的"先动优势",最终会选择最大化本公司收益的(10,6,2),这就体现了决策顺序的影响。

7.3.1.3   固定优先权 TTC 算法分配结果

同样以图 7.1 中的 10 架次航班为例。$P_f^F = ($ A2,B1,B2,C1,A3,C2,C3,B3,C4),而航班对于时隙的优先权 $P($A2$) = (3,4,5)$,$P($B1$) = (1,2)$,$P($B2$) = (2,3)$,$P($C1$) = (3,4)$,$P($A3$) = (5,6,7,8)$,$P($C2$) = (4,5,6)$,$P($C3$) = (4,5,6,7)$,$P($B3$) = (5,6,7,8,9)$,$P($C4$) = (6,7,8,9,10)$。航班以及时隙优先级如表 7.2 所示,时隙分配结果与图 7.2 所示相同。

表 7.2   航班以及时隙优先级表(单目标)

A2	B1	B2	C1	A3	C2	C3	B3	C4
3	1	2	3	5	4	4	5	6
4	2	3	4	6	5	5	6	7
5				7	6	6	7	8
				8		7	8	9
							9	10

7.3.1.4   动态优先权算法分配结果

同样以图 7.1 中的 10 架次航班为例,目标时隙的顺序为(A2,B1,B2,C1,A3,C2,C3,B3,C4)。此时 A2 选择时隙 3,时隙 3 属于 B2 且 B2 没有参与再次分配,所以此时优先权变为(B2,A2,B1,C1,A3,C2,C3,B3,C4)。B2 选择时隙 2(属于 B1 且未参与再次分配),所以优先权又变为(B1,B2,A2,C1,A3,C2,C3,B3,C4)。B1 选择时隙 1,而时隙 1 是 A2 的目标时隙,所以优先权变为(A2,B1,B2,C1,A3,C2,C3,B3,C4)。此时 B1、B2 和 A2 就形成了一个闭环,如图 7.4 所示。环内航班和时隙一一对应,然后把这 3 架次航班和 3 个时隙移开,继续对剩余的航班和时隙进行分配。动态优先权算法的时隙分配结果与图 7.2 所示相同。

7.3.1.5   决策顺序的影响

图 7.3 的分配结果是按照目标时隙的顺序,如果按照 RBS 算法初始分配的结果顺序决策,则分配结果如图 7.5 所示,三家航空公司的收益为(4,6,8),虽然总的收益不变,都为 18 min,但是 A 和 C 航空公司的收益发生了变化,体现出了决策顺序的影响。

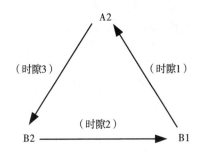

图 7.4 航班 A2、B1 和 B2 形成的闭环

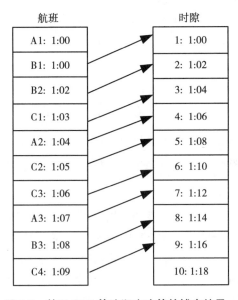

图 7.5 基于 RBS 算法顺序决策的博弈结果

7.3.1.6 算法对比分析

在采用目标时隙顺序、给定式(7.2)的收益函数的情况下,Compression 算法、逆向归纳法、固定优先权 TTC 算法以及动态优先权算法的分配结果是一致的,但是这些算法还是有区别的,表现如下:

(1)航空公司决策空间不同。Compression 算法中,航空公司只能以减少延误时间为决策目标,而其他三种算法不局限于减少延误时间的决策目标。例如,由于某种决策目标,对于航班 A3 来说,时隙 6 更有价值,航空公司可以将 A3 对于时隙的优先权设置为 $P(A3) = (6,5,7,8)$,此时航班 A3 会优先选择时隙 6。本章的逆向归纳法、固定优先权 TTC 算法和动态优先权算法三种算法扩大了航空公司的决策空间,更好地满足了航空公司的决策目标,这在 Compression 算法中是无法实现的。

(2)驱动不同。Compression 算法是由空闲时隙驱动的,也就是说只有出现空闲时隙的时候才能发挥其优势,而其他三种方法只要知道每个时隙对于航空公司的收益,即便没有航班取消,也可以完成再次分配。

(3)描述手段不同。逆向归纳法通过构造动态博弈树来完成分配;固定优先权 TTC 算法通过建立固定的优先级表以及构造双向的有向图来完成分配;而动态优先权算法的优先级是变化的,通过构造单向的闭环来完成分配。

7.3.2 多目标算例分析

算例的航班相关原始数据如表 7.3 所示。假设不存在航班取消的情况,航空公司 A 的决策目标是减少延误成本,航空公司 B 的决策目标是提高航班正点率,航空公司 C 的决策目标是减少旅客延误时间。

表 7.3 航班相关原始数据

航班	机型	载客量	OSTA	RBS	航班	机型	载客量	OSTA	RBS
A1	M	150	1:00	1:00	C2	M	100	1:05	1:20
B1	M	150	1:00	1:04	C3	L	50	1:06	1:24
B2	H	200	1:02	1:08	A3	H	200	1:07	1:28
C1	H	200	1:03	1:12	B3	H	200	1:08	1:32
A2	H	200	1:04	1:16	C4	H	200	1:09	1:36

7.3.2.1 决策顺序

由于不存在航班取消,所以目标时隙的顺序与 RBS 算法分配的顺序是相同的。不同航空公司的航班按照 RBS 算法分配的顺序排列,同一航空公司的航班则按照本公司的决策目标和 RBS 算法分配的顺序综合考虑。例如,航空公司 A 以减少航班延误成本为决策目标,航班 A2 和 A3 是重型机型,延误成本较高,应排在 A1 (中型)前面,而 A2 和 A3 按照 RBS 算法分配的顺序排列。其他航空公司的航班以此类推。所以,航空公司 A 的航班顺序为(A2,A3,A1),航空公司 B 的航班顺序为(B1,B2,B3),航空公司 C 的航班顺序为(C1,C4,C2,C3)。根据 RBS 算法分配的结果,航空公司 A 拥有时隙 1、5、8;航空公司 B 拥有时隙 2、3、9;航空公司 C 拥有时隙 4、6、7、10。考虑到 RBS 算法分配的顺序和航空公司内部航班的顺序,整个航班队列的决策顺序为(A2,B1,B2,C1,A3,C4,C2,A1,B3,C3)。

7.3.2.2 逆向归纳法分配结果

按照(A2,B1,B2,C1,A3,C4,C2,A1,B3,C3)的顺序构造动态博弈树。假设在式(7.8)中,航班机型为重型、中型和轻型的 a_i 分别为 1 300 元、500 元和 100 元,式(7.9)中的 $M=1\ 000$。多目标博弈树与单目标博弈树的构造过程类似,这里不再赘述。多目标动态博弈的分配结果如图 7.6 所示。

按照图 7.6 中的分配结果最终得到航空公司的收益向量为(−16 900,1 776,−7 800),表示航空公司 A 的延误成本为 16 900 元,航空公司 B 的收益为 1 776(有

2 架次航班正点），航空公司 C 的旅客延误时间为 7 800 min。由于博弈结果是寻求收益最大化，所以在收益矩阵中延误成本和旅客延误时间前面加上了负号。

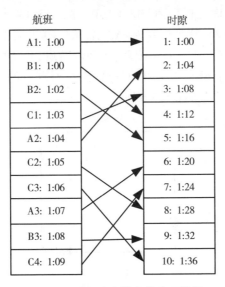

图 7.6　多目标动态博弈的分配结果

7.3.2.3　固定优先权 TTC 算法分配结果

考虑航班正点率时，针对同一架次航班 f_i，可能存在多个时隙具有相同的收益。例如，时隙 s_j 和 s_k，只要 $t_j - OSTA_i \leqslant 15$ 和 $t_k - OSTA_i \leqslant 15$，那么航班 f_i 对于时隙 s_j 和 s_k 的收益都是 M，时隙 s_j 和 s_k 对于航班 f_i 具有相同的优先级别。但是，为了能够产生更多可行的时隙交换方案，获得更好的结果，将满足正点率且 OSTA 较大的时隙设置为较高优先级。由此构造的航班以及时隙优先级如表 7.4 所示，得到的分配结果与图 7.6 所示相同。

表 7.4　航班以及时隙优先级表（多目标）

A2	B1	B2	C1	A3	C4	C2	A1	B3	C4
2	4	5	2	3	4	3	1	6	4
3	3	4	3	4	5	4	2	5	5
4	2	3	4	5	6	5	3	4	6
5	1	2	5	6	7	6	4	3	7
6			6	7	8	7	5	7	8
7			7	8	9	8	6	8	9
8			8	9	10	9	7	9	10
9			9	10		10	8		
10			10				9		
							10		

7.3.2.4　动态优先权算法分配结果

首先 A2 选择时隙 2，时隙 2 属于 B1 且 B1 未参与再次分配，此时优先权变为

（B1,A2,B2,C1,A3,C4,C2,A1,B3,C3）。接着 B1 选择时隙 4（属于 C1 且未分配），优先权又变为（C1,B1,A2,B2,A3,C4,C2,A1,B3,C3）。随后 C1 选择时隙 3（属于 B2 且未分配），优先权变为（B2,C1,B1,A2,A3,C4,C2,A1,B3,C3）。然后 B2 选择时隙 5（属于 A2），优先权变为（A2,B2,C1,B1,A3,C4,C2,A1,B3,C3）。此时,A2、B1、C1 和 B2 就形成了一个闭环,闭环内航班和时隙一一对应,如图 7.7 所示。然后把这 4 架次航班和 4 个时隙移开,继续对剩余的航班和时隙进行分配。动态优先权算法的分配结果如图 7.6 所示。

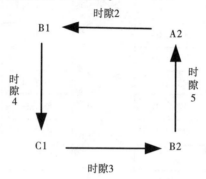

图 7.7　航班 A2、B1、C1 和 B2 形成的环闭

在本小节的算例中,由于没有航班取消,Compression 算法不能使用,这也体现了 Compression 算法的局限性。按照 RBS 算法的分配结果,3 家航空公司的收益为（-42 900,1 776,-9 600）,可见序贯博弈的分配结果没有损害航空公司 B 的利益,而且将航空公司 A 和 C 的利润分别提高了约 60.6% 和 18.8%。

此外,从分配结果也可以看出,虽然最终的分配结果并没有损害航空公司 B 的利益,但是如果航空公司 B 保留 RBS 算法初始分配的时隙（时隙 2 和 3）,其他航空公司的决策目标也就难以很好地实现。所以,利用序贯博弈的方法来分配时隙,需要进一步加强航空公司之间的协作,这也体现了 CDM 在时隙分配问题中的协作理念。需要说明的是,这里的协作不是指航空公司结成同盟来竞争时隙资源,而是指在不损害自身利益的前提下,尽可能释放自身占有的时隙资源,以提高其他航空公司的利润。

第 8 章

基于拍卖的分布式时隙
分配研究

在时隙交易过程中,除了用时隙交换时隙之外,还涉及货币转移。同时,航空公司往往只知道时隙对于本公司的价值,并不清楚时隙对于其他航空公司的真实价值,这就属于不完全信息的情况。拍卖方法正是解决这种不完全信息问题的一种有效手段。在实际应用时,用拍卖方法来分配时隙还存在若干问题需要进一步分析,本章旨在从理论上探讨应用拍卖方法的可行性,为未来的分布式时隙分配提供一种新的思路。本章针对分布式的时隙交易形式,首先介绍了拍卖理论的相关概念,然后针对时隙分配问题设计了拍卖机制,最后进行算例分析。

8.1 拍卖理论的相关概念

本节首先介绍拍卖的定义、分类,然后阐述时隙分配问题中的拍卖背景。

8.1.1 拍卖的定义

拍卖是具有明确规则的市场制度,在参与者竞标的基础上,通过拍卖规则来决定资源的配置和价格。可见,拍卖就是用来分配资源并确定价格。拍卖作为一种交易方式,是价格发现方式之一,它具有很多吸引人的性质,如分配有效性、收益最大化、公平等。

8.1.2 拍卖的分类

拍卖可以从拍卖机制和拍卖品数量两个方面来进行分类。

(1)按拍卖机制分类

按拍卖机制可将拍卖分为英国式拍卖、荷兰式拍卖、密封第一价格拍卖和密封第二价格拍卖四种。

①英国式拍卖。这是一种升价拍卖。通常卖方会设定一个底价,在此基础上,众多投标人连续出价,使价格不断提高,直至唯一的投标人胜出,而胜出者支付的价格等于其最后的出价。如果若干投标者的投标价格相同,则最后商品将在他们之间随机分配。

②荷兰式拍卖。这是一种降价拍卖。通常是从某一价格开始,拍卖方逐步降低价格,直到有人愿意接受为止。

③密封第一价格拍卖。买方向拍卖人递交密封的出价,出价最高的买主赢得交易,付出他竞拍的价格。

④密封第二价格拍卖,也叫 Vickrey 第二价格拍卖。买方向拍卖人递交密封的出价,出价最高的买主赢得交易,但是只需要付出第二高的出价价格。

(2)按拍卖品数量分类

按拍卖品数量可将拍卖分为单物品拍卖和多物品拍卖。按拍卖的顺序,多物品拍卖又分为多物品序贯拍卖、多物品同时拍卖。在多物品序贯拍卖中,拍卖品一个接着一个地进行拍卖;在多物品同时拍卖中,几个甚至全部拍卖品同时进行拍卖。按照投标者是否要考虑拍卖品之间的关系,多物品拍卖还可以分为组合拍卖(Combinatorial Auction)和非组合拍卖(Non-combinatorial Auction)。组合拍卖是指投标人可以对所有物品的任何组合投标,并提出相应的价格,也可以同时对几个组合投标,并提出相应的价格,否则为非组合拍卖。

8.1.3 时隙分配中的拍卖

拍卖是解决信息不对称或信息不完全情况下资源配置的一种有效手段。在时隙分配问题中存在以下两种信息不对称或信息不完全的情况。

(1)流量管理部门与各航空公司的信息不对称或不完全。在时隙分配中,流量管理部门难以获得每家航空公司的决策目标,自然也就很难知道每个时隙对于航空公司的价值,难以将时隙分配给最需要该时隙的航空公司。

(2)各航空公司之间的信息不对称或不完全。在时隙分配中,航空公司只能知道时隙对于本公司的价值,难以知道对其他航空公司的价值,无法获知其他航空公司的收益情况。

1982 年,Rassenti,Smith 和 Bulfin 提出用组合密封投标拍卖解决机场降落或起飞时隙的组合分配问题。2008 年,潘卫军指出在市场条件下拍卖方法是合理分配机场时隙的方式,并且运用层次分析法进行定量验算,证实拍卖是最优的机场时隙分配方法,但是并没有进一步深入研究时隙拍卖机制设计,以及与其相关的分配与支付规则,而这些往往在很大程度上影响拍卖结果。

拍卖方法是否有效和实用,关键在于拍卖机制的设计,下面研究时隙拍卖机制的设计。

8.2 拍卖机制设计

本节首先给出基于拍卖的时隙分配的假设条件和拍卖原则,接着介绍显示原理,然后阐述 VCG(Vickrey-Clarke-Groves)拍卖机制,最后针对 VCG 机制的缺陷,提出改进的 VCG 拍卖机制。

8.2.1 假设条件与拍卖原则

本小节介绍基于拍卖的时隙分配的假设条件和拍卖原则。

8.2.1.1 假设条件

目前研究拍卖的最基本的假设就是独立私人价值假设,时隙拍卖也是在此假设下进行研究的。这些假设包括:

(1)所有航空公司以及流量管理部门都是风险中立的。风险中立,是指航空公司通常既不回避风险,也不主动追求风险,它们选择策略的唯一标准是预期收益的大小,而不管风险状况如何。

(2)独立私有价值拍卖。每家航空公司都知道每个时隙对于本公司的价值,但是不知道其对于其他航空公司的价值。而且各航空公司仅凭其所掌握的信息就可以精确地估计出时隙对于本公司的价值,与其他航空公司的估价不存在相关性。

(3)流量管理部门就是拍卖机制设计者。

(4)流量管理部门对所有物品或物品组合的估值均为 0,流量管理部门不存在交易费用。这个假设保证了流量管理部门不会保留时隙,而是尽可能全部分配给航空公司,为效率性的实现提供了保障。

(5)最终支付取决于航空公司投标结果。

(6)航空公司之间是非合作关系。

8.2.1.2 拍卖原则

在时隙拍卖过程中,航空公司作为买方,流量管理部门作为拍卖人,需要遵循以下几个原则:

(1)个体理性(IR)。航空公司只有在参与拍卖获得的收益不少于不参与拍卖的收益时,才会决定参与拍卖,即任何参加投标的航空公司不会因此而遭受任何损失。

(2)帕累托效率。为了实现帕累托效率,时隙总是拍卖给那些估价最高的航空公司。

(3)激励相容(Incentive Compatibility,IC)。由于拍卖的结果是根据各家航空公司的标价计算得到的,所以在拍卖过程中希望航空公司能够真实标价,也就是说拍卖机制要能够满足激励相容,以鼓励航空公司真实标价。

（4）预算平衡（Budget Balance，BB）。流量管理部门作为拍卖人，在拍卖后不能有所损失，这是对流量管理部门的公平性约束。

8.2.2　显示原理

显示原理，是指给定任何一个拍卖机制和这个机制下的任何一个均衡竞价策略，都存在一个直接拍卖机制，使得在这个直接拍卖机制下，竞买人真实地报告自己的估值是一个弱占优的均衡策略，拍卖结果（分配和支付）和给定的原始拍卖机制的均衡所得的结果是相同的。

显示原理的重要性在于，它为拍卖机制设计理论提供了一个简化的处理方法。借助于显示原理，可以将最优机制的搜寻范围缩小到具有激励相容性（说真话）的直接机制上。因此，遵循机制设计的基本框架，最优拍卖设计问题转化为一个双重约束下的线性规划问题，即在个体理性和激励相容约束下寻求最大收益。

Myerson 沿着这一思路，将最优拍卖机制概括为两套规则：分配规则和支付规则。分配规则要求每个竞拍人报告自己的估价，拍卖人计算相应的收益，然后将拍卖品授予收益最高者。支付规则是指赢家支付的金额既非他的收益也非他报告的估价，而是使其收益等于或高于所有竞争对手以及卖主成本的赢者的最低估价。这种支付规则是为了保证最优拍卖机制的激励相容性，使竞买人愿意透露自己的真实估计。

现有的研究证明：没有任何一种拍卖机制能够同时满足个体理性（IR）、帕累托效率以及预算平衡（BB）这三个原则。VCG 机制能够满足个体理性（IR）、激励相容（IC）和帕累托效率三个原则。不仅如此，VCG 机制还是在所有满足个体理性（IR）、激励相容（IC）和帕累托效率原则的机制中使卖主期望收益最高的机制。但是，VCG 机制不能满足预算平衡（BB）原则。

下面首先介绍 VCG 拍卖机制，然后在此基础上改进其支付规则，从而满足预算平衡的要求。

8.2.3　VCG 拍卖机制

拍卖机制包括分配规则和支付规则两个方面，本小节从这两个方面来阐述 VCG 拍卖机制。

8.2.3.1　分配规则

分配规则的关键就是如何计算最高的收益，即实现最优分配。最优分配，就是当时隙交易执行之后，所有航空公司的收益之和最大，等价于优化模型中的效率性最大。本小节通过建立并求解最优分配模型来实现最优分配。

下面从单一拍卖和组合拍卖两个方面来建立分配模型。

（1）单一拍卖模型

单一拍卖，就是指每一个时隙都作为独立的个体参与拍卖，而不考虑时隙之间的组合情况。Vossen 和 Ball 建立了时隙交易的优化模型，本书利用该模型来获得最优分配结果。

$$\max \sum_{s \in S} \sum_{t \in T_s} v_{st} x_{st} \tag{8.1}$$

约束条件：

$$\sum_{t \in T_s} x_{st} + y_s = 1 , \ \forall s \in S \tag{8.2}$$

$$\sum_{t \in T_s} x_{st} + y_{\rho^{-1}(s)} = 1 , \ \forall s \in S \tag{8.3}$$

$$x_{st}, y_s \in \{0,1\} \tag{8.4}$$

其中，T_s 表示时隙 s 期望交易的时隙集合；v_{st} 表示用时隙 s 交易 t 的收益；$x_{st}=1$ 表示时隙 s 交易 t 成功，否则 $x_{st}=0$；$y_s=1$ 表示交易申请 (s, T_s) 被拒绝，否则 $y_s=0$；$\rho^{-1}(s)=\{t:\rho(t)=s\}$，$\rho(t)=s$ 表示如果时隙 t 的所有交易申请都被拒绝，则保留时隙 s。

按照该模型就能够获得整体剩余最大化的分配结果，但是最优结果很可能不是唯一的，若没有特殊要求可任选其一。

（2）组合拍卖模型

如果时隙之间有互补关系，则允许航空公司对时隙单独或组合投标，流量管理部门根据投标方案，最大化某个目标函数来分配时隙，并通知获胜航空公司的获胜时隙组合及其获胜支付。互补性，是指航空公司对时隙组合的评价比分开拍卖的评价总和更大，此时航空公司希望能够同时获得这一时隙组合。例如来自不同航班 f_1、f_2 和 f_3 的某些旅客，需要从中转机场乘坐航班 f_4 到达同一个目的地，这样就需要协调航班 f_1、f_2 和 f_3 的到达时间，以及航班 f_4 的离开时间。此时，航班 f_1、f_2 和 f_3 就作为一个组合，意味着这一组航班的到达时间必须在一个特定的时间窗内，即满足航班组合约束（Banking Constrain）。

在组合拍卖中，通常是利用竞胜标模型来确定最优分配结果的。竞胜标是指使整体收益最大的那一组投标。流量管理部门同时向航空公司提供一组时隙 $S=\{1,2,\cdots,N\}$，任意一家航空公司 a 都知道自己对时隙的评价，但该信息是私有的，并且流量管理部门和其他航空公司都无权使用。对于每个可能的时隙子集 $s' \subseteq S$，共有 2^N-1 个可能的子集，航空公司 a 对其所提交的投标 s' 的标价记为 $b_a(s')$。由于不同的航空公司可能对于相同的时隙组合感兴趣而分别投标，此时就需要按照式（8.5）对投标进行筛选：保留每个时隙组合的最高投标，其他投标视为无竞争力而被放弃。

$$b^*(s') = \max b_i(s') , \ \forall s' \subseteq S \tag{8.5}$$

然后利用筛选后投标建立组合拍卖的竞胜标模型：

$$\max \sum_{s' \subseteq S} b^*(s') x_{s'} \tag{8.6}$$

约束条件：

$$\sum_{i \in s'} x_{s'} \leq 1, \forall i \in s' \tag{8.7}$$

$$x_{s'} \in \{0,1\}, \forall s' \subseteq S \tag{8.8}$$

其中,式(8.6)表示以最大化收益为目标;$x_{s'} = 1$ 意味着投标 s' 被承认(被选中),反之,$x_{s'} = 0$ 意味着投标 s' 没有被承认;式(8.7)保证每个时隙只能分配给一家投标的航空公司。

组合拍卖竞胜标的确定是一个 NP 问题。部分学者对这一问题及其传统的精确算法和近似算法分别做了分析研究,结果表明传统的精确算法因求解问题的规模相对较小在实际应用中受到限制,近似算法因求解问题的精度相对不足或耗时相对过多在实际应用中受到限制。随后,遗传算法、蚁群算法、粒子群算法等人工智能算法相继被用来求解竞胜标模型,取得了较好的应用效果。

本小节依然采用人工鱼群算法求解该模型。在 5.6 节中已经详细介绍了人工鱼群算法,这里只简单介绍与之前不相同的单个人工鱼的构造。假设经过筛选的投标共有 n 个,则采用一个 n 位的 0-1 编码串 $(x_1, \cdots, x_{s'}, \cdots, x_n)$ 来表示一条人工鱼的构造,每条人工鱼就代表问题的一个解。其中 x_i 代表第 i 个标的取值,$x_i = 1$ 表示中标,$x_i = 0$ 表示未中标。其余的参数以及算法步骤与 5.6 节介绍的相同,这里就不再赘述。

无论是单一拍卖还是组合拍卖,一旦确定最优分配结果之后,就可以计算相应的收益和支付。

8.2.3.2　支付规则

按照给定的最优分配结果计算 Vickrey 收益(Vickrey Payoff)和 Vickrey 支付(Vickrey Payment)过程中,需要使用以下相关参数:

a,表示某家航空公司。

A',表示参与时隙拍卖的所有航空公司集合,$a \in A'$。

V^*,表示采用最优分配时获得的整体剩余最优值。

$(V_{-a})^*$,表示航空公司 a 完全不参与拍卖时获得的最优值。

$$(V_{-a})^* = \sum_{s \in S \setminus S_a, t \in S \setminus S_a} v_{st} x_{st} \tag{8.9}$$

V_{-a}^*,表示航空公司 a 参与拍卖,除了 a 之外的其他航空公司获得的收益。

$$V_{-a}^* = \sum_{s \in S \setminus S_a, t \in S} v_{st} x_{st} \tag{8.10}$$

然后可以按照式(8.11)和式(8.12)分别计算航空公司 a 的 Vickrey 支付 $p_{v,a}$ 和 Vickrey 收益 $\Delta_{v,a}$:

$$p_{v,a} = (V_{-a})^* - V_{-a}^* \tag{8.11}$$

$$\Delta_{v,a} = V^* - (V_{-a})^* = V^* - V_{-a}^* - p_{v,a} \tag{8.12}$$

其中,当 $p_{v,a} < 0$ 时,表示航空公司 a 从流量管理部门(拍卖人)获得的补偿;当 $p_{v,a} > 0$ 时,说明航空公司 a 要向流量管理部门支付一定的补偿。

至此,可以计算出在某一个最优分配结果下,各航空公司的 Vickrey 收益以及 Vickrey 支付。但是这样的结果可能会造成流量管理部门的损失,因而需要寻求满足预算平衡的方法。

8.2.4　改进的 VCG 拍卖机制

针对 VCG 支付规则,本小节首先建立满足预算平衡的优化模型,然后给出几种模型的求解方法,即支付规则。

8.2.4.1　预算平衡模型

前人建立了预算平衡模型,并提出了快速求解方法,本小节将此模型和方法应用到时隙分配问题中。

$$\min \ \| \Delta - \Delta_v \|^2 \tag{8.13}$$

$$\sum_{a \in A'} \Delta_a \leqslant V^* \tag{8.14}$$

$$\Delta_a \leqslant \Delta_{v,a}, \ \forall a \in A' \tag{8.15}$$

$$\Delta_a \geqslant 0, \ \forall a \in A' \tag{8.16}$$

其中,a 表示某家航空公司,A' 表示所有航空公司的集合。式(8.13)中 $\Delta = (\Delta_A, \Delta_B, \cdots)$ 表示各家航空公司 A,B,$\cdots$ 的收益向量,$\Delta_v = (\Delta_{v,A}, \Delta_{v,B}, \cdots)$ 表示航空公司 A,B,$\cdots$ 的 Vickrey 收益向量;$\| \Delta - \Delta_v \|$ 表示两者之间的差距,通常用欧几里得距离表示。式(8.14)表示流量管理部门的预算平衡约束;式(8.15)表示每家航空公司的收益都不能超过其 Vickrey 收益;式(8.16)表示每家航空公司的收益都不能为负值,体现了个体理性约束。

8.2.4.2　模型求解方法

对于建立的预算平衡模型,不需要直接去求解该模型,可按照下述的支付规则来计算每家航空公司最终的收益以及支付。

(1)阈值(Threshold)规则

$$\Delta_a = \max(0, \Delta_{v,a} - C) \tag{8.17}$$

$$C = \frac{\sum_{a^*} \Delta_{v,a} - V^*}{|a^*|} \tag{8.18}$$

$$p_a = V_a^* - \Delta_a \tag{8.19}$$

其中,a^* 表示参与最优交易的航空公司集合;$|a^*|$ 表示参与最优分配的航空公司的数量;其余参数含义同式(8.14)~式(8.16)。

(2)平均分配规则

将系统整体的收益平均分配给各家航空公司,即

$$\Delta_a = \frac{V^*}{|a|} \tag{8.20}$$

其中,$|a|$ 表示参与时隙拍卖的航空公司的数量,但不一定参与最优交易;其余

参数含义同式(8.14)~式(8.16)。

(3)比例分配规则

将系统整体的收益按照各家航空公司对于系统的贡献比例来分配,即

$$\Delta_a = \frac{\Delta_{v,a}}{\sum\limits_a \Delta_{v,a}} V^* \tag{8.21}$$

参数含义同式(8.14)~式(8.16)。

8.3

本节从单一拍卖和组合拍卖两个方面进行算例分析。

8.3.1 单一拍卖算例分析

本小节首先给出 Vickrey 支付、基于阈值规则的预算平衡模型(阈值支付)的结果,然后分析标价策略以及不同支付规则对拍卖结果的影响。

8.3.1.1 Vickrey 支付与阈值支付结果

依然采用图7.1中3家航空公司的10架次航班进行算例仿真。航空公司在投标时,可根据决策目标真实标价。在本小节的算例中,假设所有航班与 RBS 算法分配的结果相比较,每减少 1 min 延误就能获得平均 100 元的收益,也就是说航空公司都是以减少延误成本为决策目标。当 A1 取消时,得到的最优分配结果以及 Vickrey 支付和阈值支付如表8.1所示。

表 8.1 Vickrey 支付和阈值支付结果

航空公司	航班	初始分配	最终分配	Vickrey 机制(元)		预算平衡模型(元)	
				$\Delta_{v,a}$	$p_{v,a}$	Δ_a	p_a
A	A1	—	—				
	A2	1:08	1:04	1 800	−800	900	100
	A3	1:14	1:08				
B	B1	1:02	1:00				
	B2	1:04	1:02	1 800	−1 200	900	−300
	B3	1:16	1:14				
C	C1	1:06	1:06				
	C2	1:10	1:10				
	C3	1:12	1:12	200	0	0	200
	C4	1:18	1:16				

其中，$a \in \{A, B, C\}$ 表示某一家航空公司。

从表 8.1 可以看出，按照 Vickrey 机制计算的航空公司 A、B 的支付都为负值，也就是流量管理部门要分别向航空公司 A 和 B 支付 800 元和 1 200 元，这说明了流量管理部门作为拍卖人出现了损失，显然这不符合实际。按照预算平衡模型及阈值规则，计算可得 C = 900 元，航空公司 A、B 和 C 的收益分别为 900 元、900 元和 0 元，而流量管理部门达到了预算平衡（$p_A + p_B + p_C = 0$）。虽然两种方法的整体收益都是 1 800 元，但是这些收益在各家航空公司之间分配是不一样的。

8.3.1.2　标价策略的影响

在拍卖过程中，假设航空公司 A 错误的标价 $v_{s_8 s_5} = 500$ 元和 $v_{s_8 s_5} = 700$ 元，则计算结果如表 8.2 所示。

表 8.2　标价策略的影响

航空公司	$v_{s_8 s_5} = 500$ 元		$v_{s_8 s_5} = 700$ 元	
	$p_{v,a}$	p_a	$p_{v,a}$	p_a
A（元）	−800	50	−800	150
B（元）	−1 100	−250	−1 300	−350
C（元）	0	200	0	200

其中，$a \in \{A, B, C\}$ 表示某一家航空公司。

比较表 8.1 和表 8.2，无论 A 公司标价是否真实，A 公司的 Vickrey 支付都是 800 元，所以 Vickrey 支付满足激励相容，即鼓励航空公司真实标价。但是，预算平衡模型的结果不满足激励相容，因此，在采用预算平衡模型时，航空公司一定要真实标价。

8.3.1.3　支付规则的影响

假设各航空公司真实标价，三种支付规则下的计算结果如表 8.3 所示。从表 8.3 可以看出，在不同的支付规则下，整体收益都是相同的，但是不同的支付规则对航空公司最终的收益和支付影响很大。关于究竟选择哪一种支付规则，则需要根据具体问题深入研究。

表 8.3　不同规则下的支付结果

航空公司	Vickrey		阈值		平均分配		比例分配	
	$\Delta_{v,a}$	$p_{v,a}$	Δ_a	p_a	Δ_a	p_a	Δ_a	p_a
A（元）	1 800	−800	900	100	600	400	852.6	147.4
B（元）	1 800	−1 200	900	−300	600	0	852.6	−252.6
C（元）	200	0	0	200	600	−400	94.8	105.2

其中，$a \in \{A, B, C\}$ 表示某一家航空公司。

上述的算例都是基于航班取消的前提。事实上,即便没有航班取消,只要知道航空公司对于时隙的标价 v_{st},就可以采用该拍卖模型进行时隙分配,所以也可以应用于航空公司的航班正点率、旅客延误时间等目标,这比 Compression 算法更具灵活性。

8.3.2　组合拍卖算例分析

依然采用图 7.1 中 3 家航空公司的 10 架次航班进行算例分析,航班 A1 不取消。假设航空公司 A 没有特殊的决策要求,系统默认以减少延误成本为目标;航空公司期望航班 B2 下移到时隙 6,航班 B3 上移到时隙 8 以满足航班组合约束;航空公司 C 期望比较重要的航班 C2 上移到时隙 5,相对不重要的航班 C3 下移到时隙 9。假设航空公司只对本公司感兴趣的时隙组合进行投标,表 8.4 列出了部分组合及标价的初始数据。

表 8.4　航空公司的组合标价

航空公司 时隙	1	2	3	4	5	6	7	8	9	10	组合	标价(元)
A	1										x_1	100
					1						x_2	100
			1								x_3	120
				1							x_4	140
							1				x_5	100
						1					x_6	120
								1			x_7	140
					1						x_8	160
B		1	1					1			x_9	300
	1		1					1			x_{10}	320
	1					1	1				x_{11}	300
		1				1	1				x_{12}	380
C				1	1				1	1	x_{13}	300
					1	1			1	1	x_{14}	400
			1		1				1	1	x_{15}	320

在表 8.4 中,航空公司 A 列出了单一时隙的投标,没有进行组合投标,航空公司 B 和 C 都分别进行了组合投标。将表 8.4 的投标代入竞胜标模型,得到以下整数规划标准形式:

$$\max(100x_1 + 100x_2 + 120x_3 + 140x_4 + 100x_5 + 120x_6 + 140x_7 + 160x_8 +$$
$$300x_9 + 320x_{10} + 300x_{11} + 380x_{12} + 300x_{13} + 400x_{14} + 320x_{15}) \quad (8.22)$$

$$x_1 + x_{10} + x_{11} \leqslant 1 \tag{8.23}$$

$$x_9 + x_{12} \leqslant 1 \tag{8.24}$$

$$x_4 + x_9 + x_{10} + x_{15} \leqslant 1 \tag{8.25}$$

$$x_3 + x_{13} + x_{14} \leqslant 1 \tag{8.26}$$

$$x_2 + x_8 + x_{14} + x_{15} \leqslant 1 \tag{8.27}$$

$$x_7 + x_{11} + x_{12} + x_{13} \leqslant 1 \tag{8.28}$$

$$x_6 + x_{13} \leqslant 1 \tag{8.29}$$

$$x_5 + x_{11} + x_{12} \leqslant 1 \tag{8.30}$$

$$x_9 + x_{10} + x_{14} + x_{15} \leqslant 1 \tag{8.31}$$

$$x_{13} + x_{14} + x_{15} \leqslant 1 \tag{8.32}$$

$$x_1 + x_2 + x_3 + x_4 + x_5 + x_6 + x_7 + x_8 = 3 \tag{8.33}$$

其中，式(8.23)~式(8.32)保证了每一个时隙最终最多只能出现在一个组合里；式(8.33)是对航空公司 A 的时隙数量的约束。

利用人工鱼群算法求解该模型得，$x_1 = 1$，$x_4 = 1$，$x_6 = 1$，$x_{12} = 1$，$x_{14} = 1$，其余变量为 0，总的收益为 1 140 元。由此可得到最优分配结果，如图 8.1 所示。

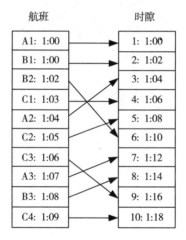

图 8.1　最优分配结果

按照 Vickrey、阈值、平均分配和比例分配支付规则计算的结果如表 8.5 所示。

表 8.5　Vickrey 和预算平衡模型结果

航空公司	Vickrey		阈值		平均分配		比例分配	
	$\Delta_{v,a}$	$p_{v,a}$	Δ_a	p_a	Δ_a	p_a	Δ_a	p_a
A(元)	540	−180	380	−20	380	−20	380	−20
B(元)	540	−160	380	0	380	0	380	0
C(元)	540	−140	380	20	380	20	380	20

其中，$a \in \{A, B, C\}$ 表示某一家航空公司。

从表 8.5 可以看出，按照 Vickrey 规则计算的航空公司 A、B 和 C 的支付都为负值，也就是流量管理部门要分别给航空公司 A、B 和 C 支付 180 元、160 元和 140 元。其他三种支付规则的结果都能够满足预算平衡的要求。需要说明的是，按照阈值规则、平均分配规则和比例分配规则，航空公司 A、B 和 C 得到的支付和收益相同，这是本书算例出现的巧合，一般情况下是不相同的。

第9章

基于事件驱动的动态
地面等待策略

第3章至第9章所阐述的时隙分配是面向时间驱动的地面等待策略,是当前流量管理实际运行中所采用的方法。该方法操作相对简单,但很可能会产生一些零碎的时间片无法得到充分的利用而降低了跑道利用率。空中交通系统是混杂系统,既有时间驱动,也有事件驱动。本章从事件驱动的角度进行探索性研究,建立基于事件驱动的动态 GHP 模型,给出了求解模型的两阶段优化算法,并详细研究了各参数对模型性能的影响,为保障飞行安全、减少延误损失提供了理论基础。

9.1 模型建立

9.1.1 离散事件描述

GHP 问题的离散事件并没有严格意义上的划分,任何一种易于执行的合理划分都可以,本节划分为以下几种事件。

(1)离开事件:对于民用航班,这个事件的触发时刻记为计划离开时间前的1 h,在这段时间里各航空公司可以根据具体情况,通过协同决策进行航班的替换和取消;对于军用航空和通用航空,则为实际的离开时刻。

(2)到达事件:航班到达目的机场并请求降落。

(3)等待事件:航班在地面等待起飞,以及在空中等待降落。

(4)降落事件:航班降落,离开跑道,跑道清场供下一架次航班使用。

9.1.2 模型假设条件

(1)机场网络中有 M 个起飞机场($S_1, \cdots, S_M$)和一个降落机场 Y,且 Y 是唯一的容量受限元。

（2）在时间区间$(0,T)$内，共有 K 架次航班$(f_1,f_2,\cdots,f_K)$计划在 Y 机场降落。每架次航班的预计起飞时刻 D_k 和飞行时间是已知的。

（3）只考虑机场降落容量受限。

（4）一旦航班开始降落，降落事件不允许中断，直至清场，本次降落事件结束。

9.1.3　动态 GHP 模型

航班f_k 到达时，如果跑道忙，则触发空中等待事件；否则，触发降落事件。可得

$$L_k(d_k) = \max\{L_{k-1}(d_{k-1}),A_k(d_k)\}+Z(A_k(d_k)) \tag{9.1}$$

其中，$A_k(d_k)$表示航班f_k 在地面等待 d_k 时间后的预计到达时刻；$L_k(d_k)$表示航班f_k 的清场时刻；$Z(A_k(d_k))$表示航班f_k 到达机场时的跑道服务时间（也可以认为是两架次航班之间的最小间隔），由于短时间内天气变化不大，可以认为跑道服务时间是确定的，用 Z 表示。

如果 $\max\{L_{k-1}(d_{k-1}),A_k(d_k)\}=A_k(d_k)$，则认为跑道在$[L_{k-1}(d_{k-1}),A_k(d_k))$内是空闲的；否则，认为跑道在$[A_k(d_k),L_{k-1}(d_{k-1}))$内是繁忙的，这样时间轴就形成了若干个繁忙和空闲时间段相互交错的状况。

假设航班f_k 到达事件发生的时候，已经有航班$f_1,\cdots,f_{k-1}$在其之前排列好降落顺序，且 $A_1(d_1)<A_2(d_2)<\cdots<A_{k-1}(d_{k-1})$，用 A_i 表示$A_i(d_i)$，用 L_i 表示$L_i(d_i)$。这样我们就把时间轴按照 A_i 分成了若干个时间段 $V_{i-1}=[A_{i-1},A_i)$。

不失一般性地，假设航班f_k 不实施任何地面等待，有 $A_{a-1}\leqslant A_k(0)<A_a$，在此基础上施加了地面等待 d，则得到 $A_{m-1}\leqslant A_k(d)<A_m$，即$A_k(d)\in V_{m-1}$，为了方便以后分析，将延误 d 分为两个部分，如图 9.1 所示。

$$A_k(d)=A_k(0)+d \tag{9.2}$$
$$d=S_m+\tau \tag{9.3}$$

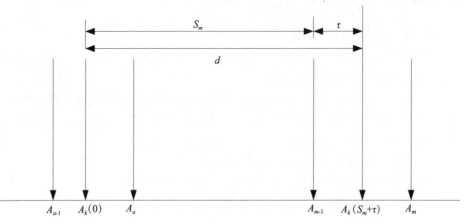

图 9.1　地面控制延误时间轴

式(9.3)中,S_m表示航班f_k在A_{m-1}时刻到达所需要的地面等待时间,τ表示区间V_{m-1}内的附加延误,由此可以得到

$$S_m = \begin{cases} A_{m-1} - A_k(0), m > a \\ 0, m = a \end{cases} \tag{9.4}$$

由于$A_{m-1} \leq A_k(0) + S_m + \tau < A_m$,可得

$$\begin{cases} 0 \leq \tau < A_m - A_k(0), S_m = 0 \\ 0 \leq \tau < A_m - A_{m-1}, 其他 \end{cases} \tag{9.5}$$

新增航班f_k的到达对在f_k之前到达的航班$f_j [A_j < A_k(d)]$不会产生影响,只会对之后到达的航班产生影响,因此定义

$$\Delta L_j(d) = L_j^p(d) - L_j \begin{cases} = 0, A_j < A_k(d) \\ \geq 0, A_j \geq A_k(d) \end{cases} \tag{9.6}$$

其中,$L_j^p(d)$表示新增加航班f_k后,航班f_j的预计降落时间;L_j表示不考虑f_k时,航班f_j的预计降落时间。显然,对后续航班产生影响的是参数τ。这样,我们得到新增加的航班f_k对整个航班队列产生的扰动代价为

$$C_k(S_m, \tau) = c_g(S_m + \tau) + c_a[L_{m-1} - A_k(S_m + \tau)]^+ + c_a \sum_{j \geq m} \Delta L_j(\tau) \tag{9.7}$$

其中,c_g和c_a分别表示地面和空中等待的单位成本,且满足$c_g < c_a$;$[x]^+ = \max\{0, x\}$。研究的目标就是使式(9.7)达到最小,为了更加清晰地表达式(9.7),下面分两种情况对$\Delta L_j(\tau)$进行进一步分解。

9.1.3.1　情况一:$j = m$

根据式(9.6)可以得到$\Delta L_m(\tau) = L_m^p(\tau) - L_m$,其中$L_m^p(\tau) = \max\{A_m, L_k^p(\tau)\} + Z$,$L_m = \max\{A_m, L_{m-1}\} + Z$,可得

$$\Delta L_m(\tau) = \max\{A_m, L_k^p(\tau)\} - \max\{A_m, L_{m-1}\} \tag{9.8}$$

又因为$L_m^p(\tau) \geq L_{m-1}$,可得

$$\Delta L_m(\tau) = \begin{cases} L_k^p(\tau) - L_{m-1}, A_m \leq L_{m-1} \\ [L_k^p(\tau) - L_m]^+, A_m > L_m \end{cases} \tag{9.9}$$

式(9.9)中,第一个式子表示m没有开始新的繁忙时间,第二个式子则表示m开始了一个新的繁忙时间。航班f_k的空中等待时间$W_k = [L_{m-1} - A_k(S_m) - \tau]^+$,再根据$L_k^p(\tau) = A_k(S_m) + \tau + W_k + Z$和$0 \leq \tau < A_m - A_k(S_m)$,可将式(9.9)改写为

$$\Delta L_m(\tau) = \begin{cases} Z, A_m \leq L_{m-1} \\ \max\{\max(0, A_k(S_m) + \tau + Z - A_m), L_{m-1} + Z - A_m\}, A_m > L_{m-1} \end{cases} \tag{9.10}$$

9.1.3.2　情况二：$j>m$（m 固定）

同样，根据式（9.6）可得

$$\Delta L_j(\tau) = \max\{A_j, L_{j-1}^p(\tau)\} - \max\{A_j, L_{j-1}\} = \begin{cases} \max\{0, \Delta L_{j-1}(\tau) - I_j\}, & A_j > L_{j-1} \\ \Delta L_{j-1}(\tau), & \text{其他} \end{cases}$$

$$= [\Delta L_{j-1}(\tau) - [I_j]^+]^+, j>m \tag{9.11}$$

其中，当 $A_j>L_{j-1}$ 时，$I_j=A_j-L_{j-1}$，表示航班 f_j 降落之前的空闲时间。当 e 与 m 处在同一个繁忙时间段时，由于 $[I_e]^+=0$，所以 $\Delta L_e(\tau)=\Delta L_m(\tau)$，对于重新开始一个新的繁忙时间段的航班 n，有 $I_n>0$，可得 $\Delta L_n(\tau)=[\Delta L_{n-1}(\tau)-I_n]^+$。$B_n$ 表示与 n 处在同一个繁忙时间段的航班数量，当 $e=n+1,\cdots,n+B_n$，可得 $\Delta L_e(\tau)=\Delta L_n(\tau)$。综合式（9.7）、式（9.10）、式（9.11）可得

$$C_k(S_m, t) = c_g(S_m+\tau) + c_a[L_{m-1}-A_k(S_m+\tau)]^+ + c_a \sum_{b=1}^{B} B_b[\Delta L_m(\tau) - \sum_{i=1}^{b} I_i]^+ \tag{9.12}$$

其中，B 表示在 f_k 到达之后的繁忙时间段的数量；B_b 表示在第 b 个繁忙时间段的航班数量（B_1 表示与 m 在同一个繁忙时间段且在 m 之后的航班数量）；I_i 表示繁忙时间段 i 之前的空闲时间。令 $\alpha=c_a/c_g$，则将式（9.12）改写为

$$C_k(S_m, t) = (S_m+\tau) + \alpha[L_{m-1}-A_k(S_m+\tau)]^+ + \alpha \sum_{b=1}^{B} B_b[\Delta L_m(\tau) - \sum_{i=1}^{b} I_i]^+ \tag{9.13}$$

当地面等待的代价超过没有地面等待时的空中延误代价时，则航班不需要继续等待，可以立即起飞，即要满足约束条件

$$S_m c_g \leqslant C_k(0,0) \tag{9.14}$$

9.2　模型求解

由于连续航班存在网络效应，所以优先处理连续航班。在式（9.13）中存在两个变量，即 S_m 和 τ，若要同时改变这两个变量，计算量太大，因此可以采用制造业中的混杂系统的控制方法——分层次两阶段优化控制方法来进行求解。首先确定 S_m，根据 $0 \leqslant \tau < A_m - A_k(S_m)$ 改变 τ 来获得 $C_k(S_m, \tau^*) \leqslant C_k(S_m, \tau)$；然后在约束条件式（9.14）的限制范围内改变 S_m，最终获得 $C_k(S_m^*, \tau^*) \leqslant C_k(S_m, \tau)$，进而 $d_k^*=S_m^*+\tau^*$。

将 K 架次航班队列按照 D_k 的先后顺序排列，不妨设 $D_1 \leqslant \cdots \leqslant D_k \leqslant \cdots \leqslant D_K$。当航班 f_k 起飞事件开始的时候，触发下述算法：

第一步：若 f_k 不是连续航班，则转第三步；否则，转第二步。

第二步：对于排列在 f_k 之前，还未起飞且 D_j+d_j 最小的航班 f_j，若 f_j 不是连续航

班,则按照 $D_k,D_j,\cdots,D_K$ 的顺序转第三步;若 f_j 是连续航班,则按照 $D_j,D_k,\cdots,D_K$ 的顺序转第三步。

第三步:确定航班 f_k 预计到达时间和 m 的位置。$m=\min\{i:A_k(0)<A_i,i\in F_{k-1}\}$,$F_{k-1}$ 表示计划在航班 f_k 起飞之前就起飞的航班集合。$S_m=0,C_{\min}=C_k(0,0)$,$d_k=0$。

第四步:如果 $S_m c_g\geqslant C_k(0,0)$,则转第八步;否则,转第五步。

第五步:计算 τ^*。τ^* 的计算可以采用人工鱼群的智能算法,也可以采用更为简单的计算方法。令:$T_1=L_{m-1}-A_k(S_m)$,$T_2=A_m-A_k(S_m)$,则 $\tau^*=\min\{T_1,T_2\}-\min\{0,T_1\}$,证明过程见文后参考文献[34]。

第六步:如果 $C_k(S_m,\tau^*)<C_{\min}$,则 $C_{\min}=C_k(S_m,\tau^*)$,$d_k=S_m+\tau^*$。

第七步:令 $m=m+1$,$S_m=A_{m-1}-A_k(0)$,转第四步。

第八步:$F_k=F_{k-1}+\{f_k\}$。

第九步:重复前八个步骤,直到所有航班都处理完毕。

9.3 算例分析

本节通过算例仿真分析了模型与算法的执行效果,并研究了相关参数的影响。9.3.1~9.3.5 节中的算例都不考虑连续航班的影响,9.3.6 节对连续航班的影响进行分析。

9.3.1　与时间驱动策略比较

无论采用事件驱动还是时间驱动的 GHP,都可以将空中延误转化成地面延误,使空中延误为 0。显然,相对于无控制策略,这两种控制策略都具有明显的优势,所以本部分主要比较这两种不同驱动方式的控制策略所带来的地面延误的差异。

选取某天具有代表性的在 9:00—10:00 的 17 架次航班进行分析。由于天气的原因,机场的跑道容量从 20 架次/h 下降为 15 架次/h,即跑道服务时间从每架次 3 min 变为每架次 4 min。按照时间驱动策略,将 1 h 等分为 20 个时间段,每个时间段长度为 4 min,每个时间段只允许一架次航班着陆。具体结果如表 9.1 所示。

表 9.1   两种驱动方式的 GHP 模型仿真结果比较

航班	计划到达时间 （到达时间段）	时间驱动策略的预计到达时间段 ［延误时间（min）］	事件驱动策略的预计到达时间 ［延误时间（min）］
1	11:00(1)	1(0)	11:00(0)
2	11:05(2)	2(0)	11:05(0)
3	11:10(3)	3(0)	11:10(0)
4	11:16(5)	5(0)	11:16(0)
5	11:20(6)	6(0)	11:20(0)
6	11:21(6)	7(4)	11:24(3)
7	11:22(6)	8(8)	11:28(6)
8	11:26(7)	9(8)	11:32(6)
9	11:27(7)	10(12)	11:36(9)
10	11:30(8)	11(12)	11:40(10)
11	11:36(10)	12(8)	11:44(8)
12	11:45(12)	13(4)	11:48(3)
13	11:50(13)	14(4)	11:52(2)
14	11:52(14)	15(4)	11:56(4)
15	11:52(14)	16(8)	12:00(8)
16	11:58(15)	17(8)	12:04(6)
17	11:59(15)	18(12)	12:08(9)
总延误时间(min)		92	74

从表 9.1 可以看出，时间驱动策略造成的总延误时间为 92 min；事件驱动策略造成的总延误时间为 74 min，减少了约 19.6%。这说明事件驱动策略能够很好地解决时间碎片问题。

9.3.2   与 LP/DP 计算量比较

传统的 LP/DP（线性规划/动态规划）方法包含大量的变量和约束条件，不可避免地会产生"维数爆炸"的问题；而本部分的算法中只有 S_m 和 τ 两个变量，极大地减少了算法计算复杂度，而且减少了 LP/DP 算法计算过程中对计算机缓存的需求，这也是 LP/DP 算法所无法比拟的。

实际上，表 9.1 所呈现的是在静态状况下的结果，而动态状况满足某种要求后可以转化为静态状况。下面通过讨论参数的影响来说明这一状况。

9.3.3　相关参数影响

(1)α 对地面等待时间 d 和空中扰动时间 r 的影响

假设 $f_1, f_2, \cdots, f_{15}$ 已经排列好了顺序,且到达时间(也是降落时间)矩阵 A 已确定,跑道服务时间为 4 min,新增加航班 f_k 的预计到达时间 $A_k = 11:30$。

$$A = \begin{bmatrix} 11:00 & 11:05 & 11:10 & 11:16 & 11:20 & 11:24 & 11:28 & 11:32 \\ 11:36 & 11:40 & 11:53 & 11:57 & 12:01 & 12:05 & 12:09 \end{bmatrix} \qquad (9.15)$$

显然加入了 f_k 后,[11:00],[11:05],[11:10],[11:16,11:40)和[11:53,12:09)为繁忙时段,而(11:00,11:05),(11:05,11:10),(11:10,11:16),(11:40,11:53)为空闲时段。

在图 9.2 中,粗线条代表 f_k 对整个航班队列造成的空中扰动延误 r,细线条代表 f_k 的地面延误 d。从中可以看出,d 和 r 的发展趋势是相反的,随着 α 的增大,r 逐渐减小,d 逐渐增大,表明当空中延误损失与地面延误损失比重较大时,尽量减少空中等待延误,以满足总的延误代价最小。当 $\alpha = 1.1$ 时,空中延误完全转化成了地面延误,此时 $d = 14$,正好使与 f_k 处于同一个繁忙时段的航班没有空中延误,也没有影响到紧接着的繁忙时段。

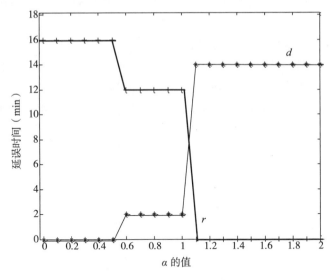

图 9.2　对延误时间的影响

(2)S_m 对 $\min C_k(S_m, \tau^*)$ 的影响

取 $\alpha = 1.5$,由图 9.2 可知,此时其他参数相对稳定,有利于研究 S_m 的变化对 $\min C_k(S_m, \tau^*)$ 的影响,具体结果见图 9.3。式(9.13)中求和部分包含有 max 的操作,导致在临界点上的不可微,使传统的微分方程的最优化方法不能对式(9.13)进行有效的分析,本部分内容也没有从理论上证明式(9.13)具有最优解以及最优解的唯一性,但是从仿真结果来看,式(9.13)具有最优解。

从图9.3中可以看出,当S_m很小时,f_k没有进行地面等待,因而造成较大的总延误;随着S_m逐渐增大,总延误逐步减少,直到$S_m = 14$,此时空中延误完全转变成了地面延误,即便再增加S_m,$\min C_k(S_m, \tau^*)$也不再增加。

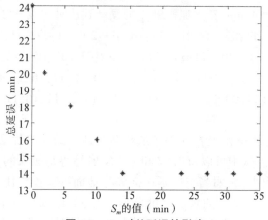

图9.3 S_m对总延误的影响

（3）m（或A_k）对$\min C_k(S_m, \tau^*)$的影响

m值是由f_k的到达时间A_k所决定的。从图9.4可以看出,一开始随着A_k的增加,$\min C_k(S_m, \tau^*)$在减小,这是因为A_k增大,所影响的航班就少,产生的扰动就少,当$A_k = 11:46$,对应地$d_k = 16$时,此时f_k成为包含A_k的繁忙时段的最后一架次航班,不影响之前的航班,由于紧接着f_k的是一段足够长的空闲时间,因此f_k也不会影响到第二个繁忙时段的航班,因而此时的延误值为0。直到$A_k = 11:50$,f_k进入下一个繁忙时段,对之后的航班产生扰动,而$A_k = 12:10$时,将不再影响本时段内的所有航班,总延误变为0。

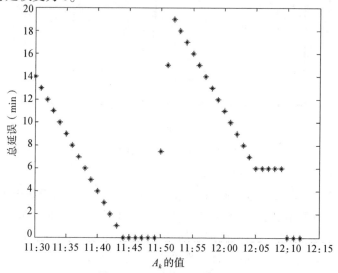

图9.4 A_k对总延误的影响

从上述分析可以看出,动态模型只针对新增航班f_k,并没有完全从整体上考虑整个航班队列,因此无法将全部的空中延误转化成地面延误,这也是由航班队列的动态性所导致的。但是,如果f_k到达得足够晚,对航班队列不会有太大影响,也就是说如果事先知道完整的航班的起降信息,按照预计降落时间的大小顺序,依次将航班加入整个队列,该算法就可以把空中延误完全转化成地面延误,也就是静态下的情况。

9.3.4　连续航班的影响

假设航班 7 和 10 是连续航班,则根据算法可确定最终的起飞顺序为(1,2,3,4,5,7,6,10,8,9,11,12,13,14,15,16,17)。虽然这与不考虑连续航班时的总延误时间一样,都为 74 min,但是单架次航班的延误时间有所差别,具体如图 9.5 所示。

在图 9.5 中,左边的空心直方图表示不考虑连续航班时每架次航班的延误时间,右边的实心直方图表示考虑连续航班时每架次航班的延误时间。显然,连续航班 7 和 10 的延误时间分别从 6 min 和 10 min 均减少为 2 min,这说明本文提出的算法能够很好地处理连续航班问题。

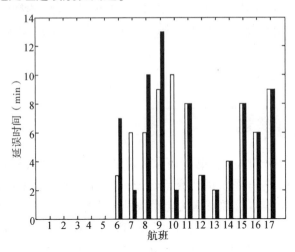

图 9.5　各航班的延误时间

第 10 章

基于 Agent 的时隙分配问题建模

前面几章介绍的都是有关时隙分配的理论方法,本章将着重介绍如何应用 Agent 技术对空中交通流量管理和时隙分配问题进行建模,推动理论方法走向应用。

10.1 Agent 概述

Agent 技术是在分布式人工智能研究需求的基础上发展起来的一种技术。20 多年来,Agent 和多 Agent 系统的研究已经成为分布式人工智能研究的一个热点。Agent 可以看作一个实体或者根据功能模块抽象出来的对象。在基于 Agent 的分布式系统中,每个 Agent 都有其独立的特性,能作用于自身,同时能对自身所处的环境的变化做出反应。更为重要的是,Agent 能够与其他类型的 Agent 相互协商,共同完成目标。同时,对自己不能处理的任务,则交由其他相关 Agent 处理。

空中交通系统是多主体频繁交互和协作的复杂系统,这些主体包括航空器、人、车辆、航空公司、管制部门、机场、流量管理部门等。这与多 Agent 系统高度契合,每个主体都可看作独立的 Agent,然后通过 Agent 之间的交互来实现多主体协作,共同完成任务。

10.1.1 Agent 的特性、类别及 Agent 之间的通信

(1) Agent 的特性

①自治性:Agent 能够对自身行为进行控制,其行为是自发、主动和有目标性的,并且能够根据当前目标和环境做出短期规划。

②交互性:也称为反应性,Agent 能够感知外界环境的变化,并与其进行交互,然后对自身内部的行为做出分析并做出反应。

③协作性:Agent 之间通过不断合作和协调,可以求解单个 Agent 无法解决的问题,这种机制可以提高处理问题的能力。

④适应性:不论是将新建立的 Agent 集成到系统中,还是从系统中删除不再需要的 Agent,都无须对原有的多 Agent 系统进行重新构造。

(2)Agent 的类别

根据人类思维的不同层次,Agent 一般分为反应型、慎思型和混合型三种类型。

①反应型 Agent:一般是在外界环境的刺激下,不进行内部逻辑推理而直接通过调用内部知识库,产生对应的结果,具有较高的响应速度,但降低了适应性和学习能力。各 Agent 能根据程序提出请求或对外界条件做出响应,因此既是客户端又是服务器端。

②慎思型 Agent:具有显式符号知识模型的单元体,能够经过内部逻辑推理做出决策,智能性高,但响应速度较慢。

③混合型 Agent:结合了反应型 Agent 和慎思型 Agent 的特性,具有学习能力强、响应速度快的特点。混合型 Agent 通常会采取多层次结构,针对问题的不同,将各层结构设置成反应型或者慎思型,执行相应的反应或进行认知。

(3)Agent 之间的通信

Agent 之间在进行通信和协作时,会用到不同的消息机制。Agent 之间的通信方式一般有黑板系统通信和消息传递通信两种。

①黑板系统通信

黑板系统在传统人工智能系统和专家系统的基础上做了扩充。专家系统中的黑板通过关联数据库来实现对数据的临时存储,用来存放以下两类信息:一是用户提供的初始事实、问题的描述;二是系统运行过程中得到的中间结果和运行信息。然而,在多 Agent 系统中,黑板只是提供一个公共工作区,存储各类信息,随时接受各 Agent 的访问,Agent 之间并不发生直接通信,而是独立求解需应答的子问题。

②消息传递通信

消息传递通信机制与黑板系统通信机制不同,Agent 之间可以直接交换信息,发送者 Agent 指定接收地址,只有符合指定接收地址的 Agent 才能读取消息。具体的通信过程、通信语言以及消息格式在通信协议里都有明确规定。采用该通信机制的优点是可以实现灵活、复杂的协调策略。

10.1.2 Agent 的结构模型

Agent 来源于面向对象的思想,使对象具有了理性思维,理性 Agent 拥有它们所在环境(有时称为世界模型)或者它们将要达到的目标的描述,理性意味着 Agent 将要执行基于当前环境或自身的知识库的最有效的行为来实现目标。由于 Agent 通常不能预先知道一个行为的所有影响,所以它不得不考虑可用的选项。例如,在玩游戏的时候是选择安全的行为还是选择快速、高效但有危险性的行为？为了实现理性 Agent,存在许多供选择的 Agent 结构体。在这些结构中,Agent 的内部结构,甚至选择行为的机制,都是依据心理态度。在设计和实现 Agent 或者多 Agent 系统时,通过利用人心理态度的优势使它接近人的思想和抽象高度,这样能更容易接近人的思维,方便人们理解系统,这是多 Agent 系统的最高意义。

目前最为成功和应用最为广泛的是 Bratman 提出的 BDI 模型。BDI 模型由 Belief、Desire、Intention 三个概念组成,特别类似人类由态度目标产生行为的过程。将 BDI 结构用于 Agent 结构设计的主要原因如下:

(1)BDI 模型能够将 Agent 的知识、意图等更好地抽象化,将其意图表示得更明确;

(2)BDI 模型能够对基于 Agent 系统的复杂行为进行更好的描述和解释;

(3)BDI 模型能够对其他 Agent 的知识、行为进行更好的推理。

之后,该模型被 Rao 和 Georgeff 发展成为正规模型和相应的执行模型,三个概念相应转换为 Belief(信念)、Goal(目标)、Plan(方案)。Belief 可以是任何类型的 Java 对象,可以被存储在一个 Beliefbase 中。Goal 用来展现具体的动机,这些动机将会影响 Agent 的行为。为了达到 Agent 目标,Agent 需要执行 Plan,这些 Plan 被编辑成 Java 文件。Agent 内部推理机制如图 10.1 所示。

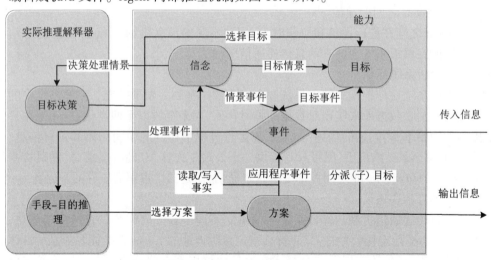

图 10.1　Agent 内部推理机制

10.1.3　多 Agent 系统的体系结构

多 Agent 系统是指一组具有一定知识和学习能力的自治个体,通过 Agent 之间相互通信、协商、竞争和合作进行智能行为控制和任务求解。作为分布式人工智能领域的重要研究方向,多 Agent 系统在解决诸如交通控制、群体效应等问题时具有巨大的优势。

从对 Agent 进行控制的角度,可以将多 Agent 系统的体系结构划分为以下三种:

(1)集中式结构。该结构将一个系统分为不同的组成单元,对各个单元进行集中式控制。其特点是能够保持整个系统内各个 Agent 信息的一致性,从而使得对系统的管理控制较为方便,但是随着 Agent 系统的复杂性不断增加,多样性系统的控制问题很难得到有效解决,系统的控制效率也受到影响,无法发挥出多 Agent 系统的优势。

(2)分布式结构。该结构中各 Agent 的地位平等、不分主次。其特点是能够增加系统的动态性,缓解控制问题的瓶颈,但是由于只能获得局部信息,各 Agent 的行为受到制约,很难实现全局性最优。

(3)混合式结构。该结构一般由一个或多个管理 Agent 以及不同功能的反应型 Agent 组成,能够结合分布式结构和集中式结构的特点。各个 Agent 子系统之间地位平等,自行决策内部行为,管理 Agent 只需要对其中部分 Agent 进行统一调配和管理,解决 Agent 之间的资源管理和任务规划等,并实时地与其他管理 Agent 进行信息交互。因此,混合式结构能够结合前两种结构的优势,适应复杂的运行环境,成为目前最适合多 Agent 系统的一种体系结构。

10.2　基于多 Agent 的流量管理建模

本节以多 Agent 技术为基础,介绍基于多 Agent 的空中交通流量管理(ATFM)总体结构框架,并详细阐述终端区各 Agent 的内部结构。

10.2.1　ATFM 总体结构

我国的空中交通流量管理系统分为三级:第一级是全国统一的中央流量管理中心(Central Flow Management Center, CFMC),负责协调全国范围的空中交通流量,称为一级流量管理中心;第二级是区域流量管理中心(Area Flow Management Center, AFMC),负责协调本区域内的飞行流量,称为二级流量管理中心;第三级按地域可分为航路和终端区两部分,在 AFMC 的指导下分别进行航路和终端区流量管理。

在构建基于多 Agent 的空中交通流量管理系统时,将 CFMC 设置为中央流量管理中心 Agent,即 CFMCA。将各 AFMC 设置为区域流量管理中心 Agent,即 AFMCA。第三个级别涉及的主体较多,相对来说也较复杂,可以将具有自主性和智能性并且对系统有重要影响的那些主体作为单独的 Agent,主要包括:航空器 Agent、航空公司运控中心 Agent、机场场面处理 Agent、流量管理 Agent。这些 Agent 的信息交换是通过专有的内部网络 CDM net 来实现的。基于多 Agent 的空中交通流量管理三级结构如图 10.2 所示。

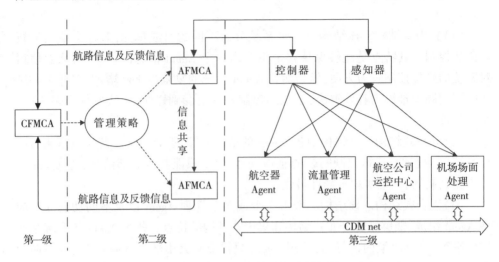

图 10.2　基于多 Agent 的空中交通流量管理三级结构图

多 Agent 系统采用自底向上的设计方法,首先定义各自主分散的 Agent,然后通过研究它们之间的协作、竞争甚至是对抗的关系来完成一个共同目标。在第三级流量管理中,各 Agent 在 AFMCA 的管理下谋求各自利益最大化,但 AFMCA 的目标是本区域的利益最大,这就需要第三级流量管理中各 Agent 必须进行信息交互、相互协作。当第三级流量管理中各 Agent 不能通过协调达成一致时,AFMCA 可通过控制器给出强制性的管理命令。第三级流量管理各 Agent 需将有关自身的信息通过感知器反馈给 AFMCA,更新 AFMCA 的知识库,优化 AFMCA 的控制器并帮助 AFMCA 做出正确的决策并进行流量控制。为了缓解自身的交通负荷或与其他 AFMCA 管制移交时,AFMCA 可以通过协调模块与其他 AFMCA 进行协调。CFMCA 可以通过通信模块发送管理命令给 AFMCA,AFMCA 除了执行 CFMCA 的管理方案之外,还需将管理的效果和相关信息反馈给 CFMCA,以便 CFMCA 对自身的知识进行更新。AFMCA 具有很高的自治性,AFMCA 之间有时可以通过协调达成一致意见,并不需要 CFMCA 发送管理指令,因此,图 10.2 中的虚箭头表示数据流并不是必须一直存在。由于空中交通拥挤绝大多数发生在终端区,所以本部分对第三级终端区中各 Agent 进行详细的说明。

终端区的 Agent 主要分为五种:航空器 Agent、航空公司运控中心 Agent、机场场面处理 Agent、流量管理 Agent 以及协作 Agent。航空器 Agent 负责按照管制员的指挥,以最佳途径操控航空器;航空公司运控中心 Agent 负责充分利用航空公司资源,合理安排航班计划,最大限度地提高航空公司的效益;机场场面处理 Agent 负责高效地管理进离场航班流,尽可能地提高机场服务效率;流量管理 Agent 是协同流量管理系统的协调中心,负责协调管理与控制终端区流量;协作 Agent 负责上述各 Agent 之间的协作。下面分别介绍几种 Agent 内部结构以及功能。

10.2.2　航空器 Agent

航空器 Agent 主要有三个组成部分:预测器、监控器和规划器,如图 10.3 所示。其主要功能:

①预测器用于估计航空器何时到达,在飞行轨迹的各个点,计算何时到达机场。

②监控器用于比较预测器做出的预测与航空器实际到达的时间,如果差异超过了一定限度,就会通知其他 Agent 更新信息,重新协作。

③规划器用于为航空器 Agent 建立规划,使航空器在指定时间着陆,同其他 Agent 协作共同确定航空器实际降落时间。

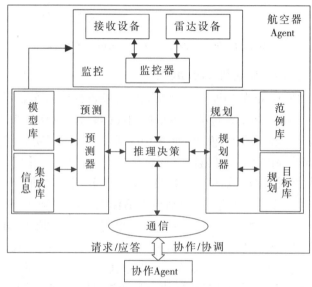

图 10.3　航空器 Agent 的组织结构

10.2.3　航空公司运控中心 Agent

航空公司运控中心 Agent 的内部结构主要包括信息库、监视器、公司内调度模块、公司间协作模块以及决策模块,如图 10.4 所示。其主要功能有:

①向流量管理 Agent 提出申请,安排航班起降的时隙,从而制订航班起飞时刻计划,通过输入输出端口将信息存放在信息库里。

②监视航班是否能够按照航班时刻表起飞。

③如果航班能够正常起飞,则直接将信息传送给决策模块;否则,在本公司内部进行协调,用本公司的其他航班来填补空缺的时隙,若没有,就考虑其他航空公司提出使用该时隙的申请,由决策库决定是否接受申请,通过协作 Agent 有代价地转让空闲时隙。

④将决策库产生的最后的协作结果通知其他 Agent,并更新信息库。

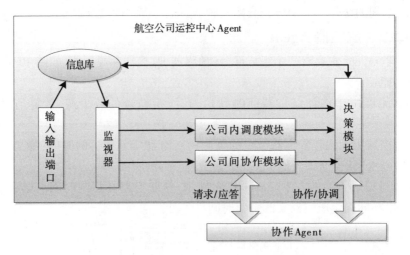

图 10.4　航空公司运控中心 Agent 内部结构

10.2.4　机场场面处理 Agent

机场场面处理 Agent 的功能是尽量保证所有航班的地面作业不延误。机场场面处理 Agent 的内部结构主要包括现场指挥调度(包含车辆保障中心调度、货运调度)、专用通信器以及功能计算模块,如图 10.5 所示。其主要功能有:

①现场指挥监控航班动态信息,掌握航班时刻、机号及进出港停机位的变化,负责将航班变化情况及时通知机位指挥员。调度员根据航班动态和规定的保障时间,提前对工作人员下达工作指令,包括机上清洁岗调度、客梯岗调度(电源车、气源车、空调车、充氧车)、水车岗调度、拖车岗调度等。出港调度向出港、吨控、集控部门发布航班变化信息,并对各生产部门操作过程实施监控,出现问题协调解决;进港调度接收进港航班到达信息,将航班、机号、航线、进港时间、机位情况等通知进港、吨控、集控部门,并对进港货物卸机过程实施监控,出现问题协调解决。

②专用通信器用于连接不同的组件,在配置系统时获得组成系统的有关组件信息,并在系统运行时负责不同组件之间数据的交换。专用通信器为系统中的各功能部件提供基本的支持。

③功能计算模块是封装了应用数据与方法的抽象数据,可根据系统环境变化随时创建或删除。

10.2.5　流量管理 Agent

流量管理 Agent 是终端区协同流量管理系统的核心,通过与其他 Agent 协作或协调,实现进离场流量的协同管理。流量管理 Agent 由监视模块、规划模块、协调推理决策模块、通信模块及人机界面等部分组成,其内部控制结构如图 10.6 所示。其主要功能有:

①监视模块负责实时监视飞行态势,预测交通流量,评估空域容量,为规划模

块和推理决策模块提供数据支持。

②规划模块负责根据协调目标,优化配置容量和流量,协调分配时隙,规划调度起降,并向推理决策模块提出流量管理规划方案。

③协调推理决策模块负责流量管理 Agent 内部模块间的协调,以及与其他 Agent 间的协作/协调。

④通信模块负责 Agent 间协作/协商的请求与应答。通信模块包括语言理解、语言生成、物理通信,以及语法库、词法库、语义库等多个部分。

⑤人机界面负责执行与评估协调推理决策模块提供的流量管理策略,并反馈执行评估结果。

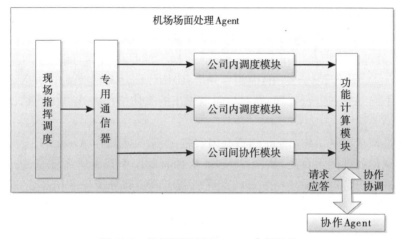

图 10.5　机场场面处理 Agent 内部结构

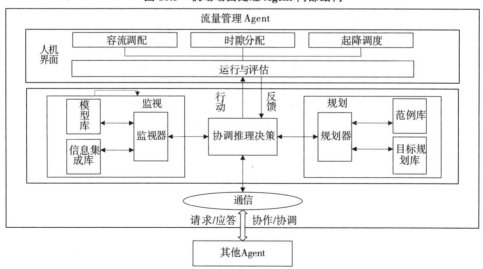

图 10.6　流量管理 Agent 内部结构

139

10.2.6　协作 Agent

协作任务由协作 Agent 来完成,可以使 Agent 的结构简单,使协作变得更加灵活,更容易操作。协作 Agent 是一组 Agent,每一个 Agent 的任务和功能是不同的,所包含的知识库、任务库等内容也各不相同,但它们有着相同的内部结构和相似的处理过程。协作 Agent 的内部结构如图 10.7 所示,其主要功能有:

①通信接口完成协作 Agent 与其他 Agent 间的信息传递,负责从外界接收信息或向其他 Agent 发送信息。

②输入输出缓冲区暂时存储接收到的或要发送的信息。

③协作协议主要包括对协作过程中 Agent 间的通信规则做出的定义、表示、处理以及解释;协作策略主要是指 Agent 内的决策和控制过程,协作双方都在充分考虑整体利益的同时,从满足自身的要求出发,在协作过程中寻求双方都能接受的策略;协作处理则是指在协作过程中 Agent 所做出的具体行为,侧重于对单个 Agent 和多个 Agent 协作整体行为的描述与分析;协作评估是对接收到的信息进行评估,以采取不同的方式进行处理,同时也对所做出的具体协作方式做出评估,为协作提供根据。

④推理机制是协作 Agent 的核心内容之一,它决定协作 Agent 的工作效率。推理机制利用各种搜索算法,从协作 Agent 所拥有的库中找出所需信息,并且经过自身的推理得出合理答案。一个好的推理机制应该能够分清任务由哪个 Agent 单独完成,或者由哪些 Agent 协作完成。

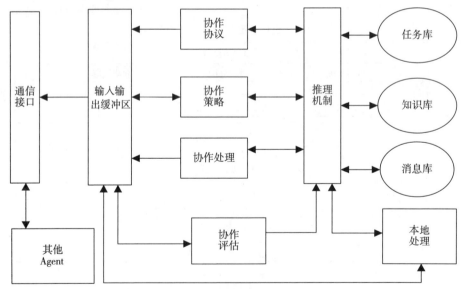

图 10.7　协作 Agent 的内部结构

⑤任务库就是各 Agent 协作所要达到的目标集合,提供任务与 Agent 间的映

射;协作 Agent 在进行协作之前就应该知道协作双方的一些基本知识,同时也要具备协议方面的知识,这些知识都来自内部的知识库;消息库存储所有 Agent 得到的消息。

⑥本地处理是将那些不需要在其他 Agent 中求解的问题在内部进行求解,分担一些其他 Agent 的任务,同时减少在 Agent 间的传送,提高系统效率。

10.3 基于多 Agent 的时隙分配建模

本部分主要对时隙分配中的协商和博弈过程的 Agent 建模进行阐述。

10.3.1 基于多 Agent 的时隙分配协商模型

如图 10.8 所示,该模型中的多 Agent 系统由时隙分配管理 Agent 和一组地面等待的航班 Agent 组成。系统采用集中式控制方式,时隙分配管理 Agent 对航班所拥有的时隙进行集中控制,对时隙分配具有最终决定权,Agent 之间通过消息机制进行信息传递。

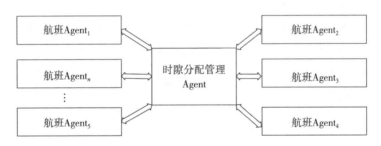

图 10.8 多 Agent 协商模型

(1)模型初始化

时隙分配管理 Agent 将所有航班 Agent 的状态设为 active,当有航班 Agent 由于特殊原因取消,造成其所占用时隙空缺时,则开始时隙分配协商过程。

(2)模型核心三元素设计

时隙分配问题的目标是使总延误损失降到最小,由时隙分配管理 Agent 控制,因此,首先需要创建合适的时隙分配管理 Agent 的信念集、愿望集和意图。

①航班 Agent 的信念集(BeliefSet)

信念是时隙管理 Agent 对当前时隙资源动态变化的认知,设航班取消使时隙 r 当前空闲,将该空闲时隙上交所属航空公司,航空公司将该空闲时隙分配给本公司的下一航班,设该航班为 $\text{Agent } f_i \in F$,该航班当前所选时隙资源为 $r \in R$,若该航班不可用此时隙,则 $[f_i, r] = 0$,则它的当前信念集 B_i:

$$B_i = \{f \in F \mid u[f_i, r] < u[f, r], u[f_i, r], u[f, r]\} \tag{10.1}$$

$u[f_i,r]$ 表示航班 Agent f_i 选择时隙资源 r 的效用值。如果 $B_i \neq \varnothing$,就表明 Agent f_i 至少有一项时隙资源交换选择 r,能够减少延误损失。

②航班 Agent 的愿望集(DesireSet)

给定 Agent $f_i \in F$ 的当前所选资源为 $r_i \in R$,当有已排序队列中有航班取消时,将会形成它的 BeliefSet 为 B_i。对于当前选择资源为 $r_j \in R$,其他任意 Agent $f_j \in F$,若 $r_j \in B_i$,将获得 Agent $f_i \in F$ 的 BeliefSet B_i,Agent $f_i \in T$ 广播它的 B_i 和当前所选资源 r_i,对于获得 Agent $r_i \in T$ 的 BeliefSet B_i 的任意 Agent $f_j \in F$ 将用一对效用值 $u[f_j,r_j]$ 和 $u[f_j,r_i]$ 来回复消息,这样就收到了 B_i 中每个 Agent 的回应,对应的资源交换选择 $[(f_i,r_j),(f_j,r_i),p,c_{ij}] \in D_i$(即 Agent $f_i \in F$ 的 DesireSet),如式(10.2)和式(10.3)所示。

$$p = u[f_i,r_i] - u[f_i,r_j] - c_{ij} \tag{10.2}$$

$$c_{ij} = u[f_j,r_j] - u[f_j,r_i] \tag{10.3}$$

若 $p>0$,则说明如果 Agent $f_i \in F$ 放弃它当前的选择 $r_i \in R$ 而去选择 $r_j \in R$,作为交换,Agent $f_j \in F$ 放弃它当前的选择 $r_j \in R$ 而去选择 $r_i \in R$。这样将会减少总延误损失。

③航班 Agent 的意图(Intention)

意图是最好的愿望,航班 Agent 总希望自己获得最大的合作效用。当一架次航班 Agent $f_i \in F$ 的 DesireSet 为 D_i,$D_i \neq \varphi$,那么航班 Agent $f_i \in F$ 的意图 I_i 根据不同的策略选择机制,会生成不同的 I_i,本节选取策略为贪婪策略(Greedy Strategy),即

$$I_i = [(a_i,r_j),(a_j,r_i),p,-] \in D_i,其中\ p = \max\{p' | [-,-,p',-] \in D_i\} \tag{10.4}$$

其中,I_i 表示航班 Agent 能够提出的最好的交换选择建议,当 $B_i = \varnothing$ 或者 $D_i = \varnothing$,$I_i = \varnothing$。同样其他任意 Agent 的 Intention 也会选择能够最大限度减少延误损失的意图 D_i。

(3)协商求解过程

第一步:航班初始化,时隙分配管理 Agent 将所有航班 Agent 的状态设为 active,当有航班 Agent 由于特殊原因取消造成其所占用时隙 t 空缺时,首先判断本公司内部是否可以利用该时隙,若可以利用,则时隙分配给本公司航班,若不可以利用,则进入第二步,开始多智能体(Multi-Agent,MA)协商过程。

第二步:取消的航班 Agent 将自己的时隙上交给本航空公司,航空公司将该时隙分配给下一架次航班,由于此航班无法使用该时隙,则进入协商过程。

第三步:该航班 Agent 首先根据自己的信息库生成自己的信念集,将角色设为 sponsor,向其后面的航班 Agent 广播该消息,并将自己的状态设为 waiting。

第四步:收到此广播消息的 Agent 首先判断自己是否可以利用该时隙 t,如果可以,则生成自己的信念集 $B_i = \{r \in R | d[f_i,r] < d[f_i,r_i]\}$,将自己的信念发送给 sponsor,自己的角色设为 cooperator,若不可以,则放弃该消息。

第五步：该 sponsor 收到所有 cooperator 发来的消息后生成自己的愿望集 $[(f_i, r_j), (f_j, r_i), p, c_{ij}]$。

第六步：根据贪婪策略，manager 从自己的愿望集中挑选能最大限度地提高收益的 Agent 作为其意图 $I_i = [(t_i, r_j), (t_j, r_i), p, -] \in D_i$，其中 $p = \max\{p' | [-, -, p', -] \in D_i\}$。

第七步：sponsor 向 manager 提供意图消息，发送协商成功消息，两个 Agent 交换时隙资源，更新队列信息，重复上述步骤。

10.3.2 基于多 Agent 的时隙分配博弈模型

第 7 章已说明在分布式时隙分配过程中存在各方不同层次的博弈。本部分介绍基于多 Agent 的时隙分配的博弈模型。

（1）多 Agent 的博弈模型

时隙分配的主要参与者是流量管理部门 Agent 和航空公司 Agent，属于慎思型 Agent，其内部结构参见 10.2 小节。多 Agent 的博弈模型可以定义为

$$G = \{A, S, I, O, U\} \tag{10.5}$$

其中，A 表示博弈中的决策主体，其目的是通过选择行动策略来实现自己的收益最大化，是所有 Agent 的集合，$A = \{\text{Agent}_1, \text{Agent}_2, \cdots, \text{Agent}_n\}$。$S$ 表示主体的策略，即最大化航空公司自身收益的行动组合。I 表示每个 Agent 拥有的信息，包括其主体策略空间和收益函数的知识。O 表示博弈顺序，即航空公司决策的先后次序。各家航空公司在博弈过程中的决策有先后顺序，后做出决策的航空公司可以观察到先做出决策的航空公司已经采取的行动。U 表示收益，即主体对于博弈结果的得与失的评价，也即各个主体对于各自决策目标实现程度的评价。由于对博弈结果的评判分析只能通过数量大小的比较来进行，因此所研究的博弈结果必须本身是数量或至少可以量化。

时隙分配中的博弈模型结构如图 10.9 所示。

（2）博弈协调过程

发起协调的 Agent 称为发起者，参加博弈协调的 Agent 称为参加者。在集中式时隙分配过程中，流量管理部门 Agent 是发起者，也是参与者，各家航空公司 Agent 是参与者。协调的过程可以概括为：流量管理部门 Agent 发布时隙相关信息，包括可用时隙集合、航空公司决策顺序、限制条件等；航空公司 Agent 根据自身的决策目标和顺序，采取行动，提交期望获得的时隙集合给流量管理部门 Agent；流量管理部门 Agent 综合自身的决策目标，以及各家航空公司 Agent 的决策的反馈，进一步处理。事实上，"提议—反馈—处理"这个过程是反复的。

具体的协调算法的步骤如下：

第一步：按照目标时隙的顺序，将第一架次航班分配给它所期望的第一个时隙，即收益最大的那个时隙；第二架次航班在余下的时隙集合中分配一个最期望的

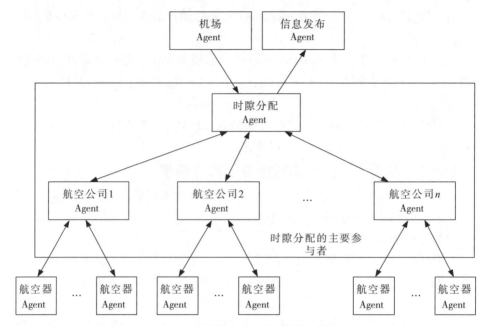

图 10.9　时隙分配中的博弈模型结构

时隙,以此类推,直到某架次航班 f_i 所期望分配的时隙的所有权归航班 f_j,此时转第二步。

第二步:如果 f_j 已经分配了时隙,则不改变航班的优先级;如果 f_j 没有分配到时隙,则将 f_j 设置为所有还未分配的航班中最高优先级,优先分配时隙。

第三步:如果在分配过程中出现了环,则按照环内的航班与时隙对应关系分配时隙,并将环中所有航班和时隙移出,对剩下的航班和时隙进行分配。

第四步:重复第一步至第三步,直到所有航班都分配了时隙。

第11章

总结与展望

本书是在国家 863 计划项目"协同流量管理核心技术"和天津市科技支撑计划项目"空中交通流量管理系统及应用技术"的支持下,集成作者及所在团队近十年的研究成果写作完成的,旨在对 GHP 的时隙分配问题进行系统性研究,为理论方法走向应用提供支撑。

11.1

总结

GHP 是解决机场拥挤的一种有效方法,其核心问题就是时隙分配问题,即如何分配地面等待航班的起飞时间。为适应我国空中交通持续发展需要,实现科学时隙分配的目的,深入研究时隙分配的理论方法,具有非常重要的理论意义和应用价值。

本书较全面地分析了地面等待策略(GHP)中的时隙分配问题的历史发展和最新研究成果,从集权式和分布式两种分配方式出发,对时隙分配问题的数学模型和分配算法展开了深入的研究。本书的主要内容如下:

(1)概述空中交通流量管理,明确时隙分配是空中交通流量管理中地面等待策略的核心问题。

(2)分析时隙分配问题中时隙、时隙分配等概念,重点阐述时隙分配的三个属性,即有效性、效率性和公平性,时隙分配的过程与结果同这三个属性密切联系。有效性是对时隙分配可行性的约束。效率性和公平性常是一对矛盾体,一般情况下难以同时达到性能最优,所以在时隙分配过程中需要在这两者之间进行均衡转换。

(3)针对随机容量情况,采用 K-means 算法和 SOM 算法对容量样本的历史数据进行聚类分析,产生典型容量样本,构造典型容量样本树,然后推导出有效容量的判定方法,将随机容量转化成确定容量,进而确定有效时隙的数量及长度。该方法使随机型 GHP 模型更加实用,大大降低了计算量,同时也为时隙分配有效性的实现提供了保障。

(4)针对单目标集权式时隙分配,对效率性和公平性进行量化处理,以效率性为目标函数,以有效性和公平性为约束条件建立单目标优化模型;利用人工鱼群算法快速求解模型,并进行算例分析。算例分析结果显示,建立的模型能够平衡效率性和公平性,人工鱼群算法是有效的和实用的。

(5)针对多目标集权式时隙分配,阐述航班正点率、旅客延误时间等航空公司的决策目标;以航空公司决策目标为效率性目标,以满足航空公司决策目标为公平性表征,建立多目标优化模型;采用改进的人工鱼群算法快速求解模型,获得帕累托最优解集。算例仿真结果表明模型与算法是可行的。

(6)针对分布式的时隙交换形式,阐述时隙分配问题中存在的博弈关系;建立单目标和多目标序贯博弈模型;提出逆向归纳法、固定优先权 TTC 算法以及动态优先权算法求解该模型。算例分析的结果表明,这些算法不仅能解决航班取消情况下的时隙分配,在没有航班取消的情况下也具有很好的适应性,比 RBS 算法和 Compression 算法更具优势。

(7)针对分布式的时隙交易方式,阐述时隙分配问题中的拍卖背景;建立了单一拍卖和组合拍卖模型来获得最优分配;然后在 Vickrey 支付规则的基础上,设计满足预算平衡的支付规则;最后对标价策略以及各种支付规则的影响进行算例分析。

(8)针对以上基于时间驱动的时隙分配方法可能产生的零碎时间片无法充分利用的问题,建立基于事件驱动的单跑道动态 GHP 模型,给出了求解模型的两阶段优化算法,并详细研究了各参数对模型性能的影响,为保障飞行安全、减少延误损失提供了理论基础。

(9)为促进理论方法向应用转化,研究了基于 Agent 的时隙分配问题建模,重点阐述了时隙分配协商模型和博弈模型的 Agent 建模方法。

11.2 展望

地面等待策略中时隙分配的模型与算法是个复杂的研究方向。由于时间、精力及学识有限,本书中仍有许多内容需要不断完善和进一步研究,主要有以下几个方面:

(1)分析航班需求不确定性因素,准确预测航班流量。本书以计划航班为主体,在此基础上考虑了取消航班的影响。但是实际情况中还存在不在计划内(Pop-up)航班和偏离(Drift)航班两种不确定性航班。目前对 Pop-up 和 Drift 航班的影响尚未进行深入研究,因此需要加强这方面的研究。此外,诸如分解集成预测、机器学习、组合预测等新方法也为流量预测提供了新的思路。

(2)本书只考虑了单跑道、降落容量受限情况。但是在大多数机场,跑道的起降容量是相互影响和制约的,而且容量受限元不仅有跑道,还有定位点、航路、扇区等。因此,针对起降容量、多元受限的协同优化情况,研究其时隙分配方法也是一个未来需要进一步关注的内容。

(3)博弈论在 CDM GHP 的时隙分配中仅是探索性的初步研究,在理论深度和应用潜力方面都值得持续研究。

(4)当前,国际民用航空组织提出了 TBO、动态尾流间隔、基于时间的流量管理等一系列空管运行新概念,未来空中交通流量管理的运行场景与当前相比将会有较大变化,对时隙分配在组织、机制、技术、方法方面都必将产生重大影响。

参考文献

[1] 赵嵬飞. 空中交通流量管理系统研究[D]. 北京：北京航空航天大学,2003.

[2] 胡明华. 空中交通流量管理理论与方法[M]. 北京:科学出版社,2010.

[3] 张军. 现代空中交通管理[M]. 北京:北京航空航天大学出版社,2005.

[4] 徐肖豪,王飞. 地面等待策略中的时隙分配模型与算法研究[J]. 航空学报, 2010,31(10):1993-2003.

[5] GILBO E P. Optimizing airport capacity utilization in air traffic flow management subject to constraints at arrival and departure fixes[J]. IEEE Transactions on Control System Technology,1997,5(5):490-503.

[6] 胡明华,李丹阳,李顺才. 空中交通地面等待问题的网络流规划模型[J]. 东南大学学报(自然科学版),2000,30(3):104-108.

[7] 张洪海,胡明华,陈世林. 机场进离场流量协同分配策略[J]. 南京航空航天大学学报,2008,40(5):641-645.

[8] 王飞,徐肖豪. 随机 GHP 模型中机场容量混合聚类算法[J]. 交通运输工程学报,2011,11(1):64-68.

[9] 王飞,王兴隆,徐肖豪. 随机 GHP 模型中有效容量的判定方法[J]. 西南交通大学学报,2011,46(5):882-887.

[10] 王飞,徐肖豪,张静. 基于人工鱼群算法的单机场地面等待优化策略[J]. 南京航空航天大学学报,2009,41(1):116-120.

[11] MUKHERJEE A,HANSEN M. A dynamic stochastic model for the single airport ground holding problem[J]. Transportation Science,2007,41(4):444-456.

[12] PANAYIOTOU C G,CASSANDRAS C G. A sample path approach for solving the ground-holding policy problem in air traffic control[J]. IEEE Transactions on

Control Systems Technology,2001,9(3):510-523.

[13] 罗喜伶,张其善. 基于DES的单跑道地面等待模型研究[J]. 北京航空航天大学学报,2003,29(5):443-446.

[14] 张学军,刘钊. 基于离散事件的地面等待模型算法研究与仿真[J]. 计算机仿真,2007,24(5):238-240.

[15] 王莉莉,史忠科. 单机场地面等待问题遗传算法设计[J]. 系统仿真学报,2006,18(4):894-896,912.

[16] 王飞,徐肖豪,张静. 基于事件驱动的单跑道动态地面等待策略[J]. 西南交通大学学报,2009,44(6):926-932.

[17] VOSSEN T, BALL M. Optimization and mediated bartering models for ground delay programs[J]. Naval Research Logistics,2006,53(1):75-90.

[18] VOSSEN M W T, BALL O M. Slot trading opportunities in collaborative ground delay programs[J]. Transportation Science,2006,40(1):29-43.

[19] LIU P C B, HANSEN M, MUKHERJEE A. Scenario-Based Management of Air Traffic Flow:Developing and Using Capacity Scenario Trees[J]. Transportation Research Record,2006,1951(1):113-121.

[20] 肖条军. 博弈论及其应用[M]. 上海:上海三联书店,2004.

[21] 张洪海,胡明华. CDM GDP飞机着陆时隙多目标优化分配[J]. 系统管理学报,2009,18(3):302-308.

[22] 厉以宁. 经济学的伦理问题[M]. 北京:生活·读者·新知三联书店,1995.

[23] RICHETTA O, ODONI A R. Solving optimally the static ground-holding policy problem in air traffic control[J]. Transportation Science,1993,27(3):228-238.

[24] 徐肖豪,李雄. 航班地面等待模型中的延误成本分析与仿真[J]. 南京航空航天大学学报,2006,38(1):115-120.

[25] 戴俊良,王鹏,王轩,等. 基于基尼系数的电力调度公平性指标探讨[J]. 电力系统自动化,2008,32(2):6-9.

[26] 李晓磊. 一种新型的智能优化方法:人工鱼群算法[D]. 杭州:浙江大学,2003.

[27] 蔡自兴,徐光佑. 人工智能及其应用[M]. 3版. 北京:清华大学出版社,2004.

[28] 王飞,徐肖豪,张静. 终端区飞机排序的混合人工鱼群算法[J]. 交通运输工程学报,2008,8(3):68-72.

[29] MILGROM P. Putting auction theory to work[M]. New York:Cambridge University Press,2004.

[30] PARKES D C, KALAGNANAM J, ESO M. Achieving budget-balance with Vickrey-based payment schemes in exchanges[C]. Proceeding of 17th International Joint Conference on Artificial Intelligence, Washington, 2001:

1161-1168.

[31] 王飞,徐肖豪,张静,等. GHP 时隙分配问题的组合拍卖竞胜标模型与算法[J]. 系统工程,2010,28(2):30-35.

[32] 王飞,徐肖豪,张静. 基于航班模糊聚类的时隙分配均衡模型[J]. 系统工程理论与实践,2010,30(8):1530-1536.

[33] 王飞,穆巍炜,董健康. 基于多目标优化的航空器离场时隙控制方法[J]. 西南交通大学学报,2012,47(4):680-685.

[34] PANAYIOTOU C G, CASSANDRAS C G. A Sample Path Approach for solving the ground-holding policy problem in air traffic control [J]. IEEE Transactions on Control Systems Technology, 2001,9(3):510-523.